L'utopie du cerveau global

5-7, rue de l'École-Polytechnique, 75005 Paris

www.editions-harmattan.fr

ISBN : 978-2-343-15791-7
EAN : 9782343157917

Karim Ben Hamida

L'utopie du cerveau global

Le web 2.0 et la construction sociale de la connaissance

L'Harmattan

Ouverture philosophique

Collection dirigée par
Dominique Chateau, Jean-Marc Lachaud et Bruno Péquignot

Une collection d'ouvrages qui se propose d'accueillir des travaux originaux sans exclusive d'écoles ou de thématiques.

Il s'agit de favoriser la confrontation de recherches et des réflexions, qu'elles soient le fait de philosophes « professionnels » ou non. On n'y confondra donc pas la philosophie avec une discipline académique ; elle est réputée être le fait de tous ceux qu'habite la passion de penser, qu'ils soient professeurs de philosophie, spécialistes des sciences humaines, sociales ou naturelles, ou… polisseurs de verres de lunettes astronomiques.

Dernières parutions

Enrique DUSSEL, *Vingt thèses de politique,* 2018.
Fabrice MOUSSIESSI, *Essai d'épistémologie comparative chez Imré Lakatos. Pour une nouvelle interprétation de la rationalité scientifique,* 2018.
Alberto DA SILVA, Florence DRAVET, Gabriela DE FREITAS, Gustavo DE CASTRO (dir.), *L'imaginaire de la catastrophe dans la communication et les arts*, 2018.
Dominique PAUL, *Entre chair et lumière. De la possibilité d'une distance critique par l'objet-image*, 2018.
Charles MAURICE, *La Société émancipatrice*, 2018.
Élie VOLF et Michel HENRY, *Rationalité en philosophie des sciences*, 2018.
Sylvie LOPEZ-JACOB et Éric DELASSUS (dir.), *Ce que peut un corps,* 2018.
Hichem GHORBEL, *Le monde chez Diderot, Connaissance, interprétation et signification*, 2018.
Pascal GAUDET, *Kant, Une sagesse pour notre temps*, 2018.
Auguste NSONSISSA, *Refaire le(s) monde(s) ?*, 2018.
Gisèle GRAMMARE, *Arts et artistes à vol d'oiseaux, Carnets*, 2018.
Ivan NEYKOV, *Être et Bien, Le Bien en tant que le sens de l'Être*, 2018.

À ma femme qui a su avec une patience infinie me redonner confiance chaque fois que celle-ci semblait perdue.

À mon fils qui a toléré avec une précoce maturité mes silences et mes absences, me faisant cadeau d'un temps qui ne reviendra à plus jamais.

À ma famille qui a suivi tous mes travaux avec soin et délicatesse.

SOMMAIRE

L'univers (que d'autres appellent la bibliothèque) est composé d'un nombre indéfini, et peut-être infini i, de galeries hexagonales [...]. Dans le couloir il est un miroir, qui reproduit fidèlement les apparences. Les hommes ont l'habitude de déduire de ce miroir que la bibliothèque n'est pas infinie (si elle l'était vraiment, parce que cette duplication illusoire ?), moi je préfère rêver que ces surfaces d'argent représentent et promettent l'infini...

Jorge Luis Borges, *Fictions*

Ensuite, l'ordinateur. Il est vrai que le logiciel ne peut pas exercer ses pouvoirs de légèreté que par le poids du matériel, mais c'est le logiciel qui commande [...] La deuxième révolution industrielle ne se présente pas toute comme la première avec des images écrasantes telles que des laminoirs ou des coulées d'acier, mais comme les bits *d'un flux d'information courant y tout au long des circuits sous la forme d'impulsions électroniques. Les machines de fer existent toujours, mais elles obéissent à des* bits *sans poids.*

Italo Calvino, *Leçons américaines*

Nous recueillons désormais plus d'information que de nourriture. À partir de maintenant, la source de nourriture, de richesse et de vie elle-même sera l'information.

Marshall McLuhan, *Pour comprendre les médias : les prolongements technologiques de l'homme*

1. Introduction

La majorité des spécialistes du domaine des technologies de l'information et de la communication s'accorde sur le fait de considérer le phénomène de l'*Internet des objets* comme l'évolution la plus considérable dans l'histoire de la toile : on désigne par cela la condition propre aux objets d'usage quotidien – automobiles, lunettes, frigos, montres, enceintes stéréo, bracelets, chaussures – dès lors qu'ils sont connectés à Internet [1], devenant ainsi capables d'interagir avec le milieu environnant, à travers l'échange d'informations via des flux de données, entre eux aussi bien qu'avec des êtres humains.

C'est entre 2008 et 2009 qu'un tournant historique aurait été atteint, le nombre d'objets connectés étant largement supérieur au total de la population mondiale[2]. On estime qu'avant la fin de la deuxième décade du XXIe siècle, il y aura environ 50 à 100 milliards d'objets, lieux ou même êtres vivants qui, dotés d'un code d'identification[3], peupleront le cyberespace[4], se rendant

---

[1] Le terme "Internet" désigne le système global d'interconnexion entre réseaux informatiques, basé sur le protocole TCP/ IP.

[2] D. Evans, "The Internet of Things. How the Next Evolution of the Internet is Changing Everything", *Cisco Internet Business Solutions Group (IBSG)*, 2011.

[3] Il s'agit du soi-disant "Internet Protocol Address", à savoir un code alphanumérique permettant l'identification univoque de chaque

reconnaissables, communiquant des informations et élaborant des données collectées par d'autres entités. Au-delà des austères données quantitatives, par ailleurs impressionnantes, il est possible d'entrevoir un phénomène de plus ample portée : d'une part, on assisterait à la progressive constitution d'un réseau de données et d'informations davantage tentaculaire, pouvant pénétrer dans la sphère privée et quotidienne de centaines de milliers de personnes (il suffit de penser encore une fois à tous les petits et grands objets d'usage quotidien qui sont transfigurés en d'authentiques dispositifs d'information)[5]. La structure physique même du vivant cesserait à terme d'être imperméable aux *bits*, finissant par interagir avec un très fin réseau de senseurs. Dans ce cas, les exemples cités incluent :

a) Des capteurs sous forme de capsule à ingérer par les patients, afin de faciliter les diagnostics médicaux depuis l'intérieur de leurs corps ;
b) Des micro-senseurs greffés aux plantes, vérifiant l'humidité du terrain et pouvant, si besoin, déclencher l'arrosage ;
c) Des places et monuments historiques ainsi que des autoroutes câblées pour opérer une surveillance à distance lors d'éventuels entassements de personnes ou embouteillages.

---

dispositif connecté au réseau Internet, facilitant sa détection par d'autres terminaux lors d'une communication de données.

[4] Apparue pour la première fois dans le roman *Neuromancien* du Canadien William Gibson, l'expression "cyberespace" désigne le milieu de communication issu de l'interconnexion mondiale des ordinateurs. En tant que tel, il ne se limite pas à la structure physique de la communication digitale, mais inclut également l'espace d'interaction des informations, alimenté et peuplé par des agents humains et artificiels.

[5] Doueihi M., *Pour un humanisme numérique*, Paris : Seuil, 2011.

La convergence entre le monde analogique et digital permettrait l'émergence de formes tout à fait inédites d'expérience du réel, caractérisées par une hybridation des données physiques et virtuelles, difficilement définissables par une formulation lexicale préexistante qui pourrait en restituer pleinement la signification. Ainsi, le néologisme évocateur *phygital* traduit plusieurs aspects : non seulement la réalité virtuelle, déjà connue, familière, mais aussi la "réalité augmentée"[6], c'est-à-dire un dispositif médiateur capable d'enrichir en temps réel la perception du monde physique, sans toutefois la remplacer, en fournissant des informations manipulées et transmises par voie électronique (à travers l'utilisation de lunettes à projection rétinienne, ou d'un téléphone avec appareil photo et autres senseurs intégrés)[7].

D'autre part, on observe que ce qu'on appelle "informatique omniprésente" tend à dépasser la configuration classique du rapport entre l'homme et la machine, telle que nous l'avons connue jusqu'à la fin du XXe siècle – soit un utilisateur face à un ordinateur, en train de transférer des commandes à la machine pour atteindre un certain objectif : elle propose, en revanche, un modèle d'intelligence artificiel diffus, dans un réseau de calcul étendu. En s'inspirant à la *Swarm intelligence*[8], il

---

[6] Jamaa S., La réalité augmentée au service de l'expérience client [en ligne]. « Veille Tourisme », Montréal, Québec, Canada, 2009. Disponible à l'adresse : http://veilletourisme.ca/2009/10/21/la-realite-augmentee-au-service-de-l%E2%80%99experience-client/ (consulté le 27/11/2018).

[7] Montani P., *Tecnologie della sensibilità. Estetica e immaginazione interattiva*, Milano : Raffaello Cortina Editore, 2014.

[8] Le concept de "intelligence des essaims" indique le comportement collectif de systèmes naturels ou artificiels, auto-organisés et décentralisés. Directement influencée par l'observation des espèces vivantes en biologie, la *swarm intelligence* a trouvé une plus ample application dans l'ingénierie robotique, où sont étudiées les

serait intéressant de mettre en évidence la différence, typique au sein de la littérature anglo-saxonne spécialisée, entre deux modèles cognitifs distincts : la *smartness* et l'*intelligence*. Bien qu'elles contemplent toutes deux la possibilité endogène aux essaims d'organiser des processus cognitifs permettant la résolution d'un problème, ces expressions divergent au niveau des parcours résolutifs mis en place[9]. Le modèle de l'*intelligence* désignerait, en effet, la capacité d'un groupe d'agents artificiels à penser, élaborer et proposer des configurations adaptées pour parvenir à une solution. La *smartness*, en revanche, comprendrait également la capacité supplémentaire de "savoir" comment il faut appliquer la solution au problème donné, en employant les techniques les plus efficaces.

L'évolution d'Internet s'accompagne d'un autre passage à l'importance non négligeable. Le *World Wide Web*, encore aujourd'hui l'interface la plus populaire pour accéder au réseau Internet et autrefois le moyen de communication préféré par les centres de recherche universitaires, est devenu un nouveau médium de masse[10].

La caractéristique la plus évidente des moyens de communication de masse – selon la définition issue de la tradition sociologique des médias de matrice américaine[11] – réside dans leur capacité à transmettre de manière unidirectionnelle un message à un public varié, perçu comme un *quid* indifférencié quant à ses composantes sociales et culturelles. Si l'on observe son évolution, le

---

interactions sociales au sein d'essaims de robots, afin de repérer des modèles comportementaux stables et sujets à répétition.

[9] À ce sujet, voir Fistola R., "SMART CITY. Riflessioni sull'intelligenza urbana", *TeMA Journal of Land Use, Mobility and Environment*, 2013 (1), pp. 47-60.

[10] Lafontaine C., *L'empire cybernétique : des machines à penser à la pensée machine*, Paris : Seuil, 2004.

[11] Wolf M., *Teorie delle comunicazioni di massa,* Milano : Bompiani, 1985.

World Wide Web ne semble pas avoir échappé, du moins dans un premier temps, à la logique traditionnelle des médias de masse : il s'agit, *sic et simpliciter*, d'une plateforme de distribution en cascade de contenus populaires, générés par des émetteurs éditoriaux, radio ou télévision. Ainsi, ce dernier a certainement permis à l'ordinateur de sortir de l'isolement spatial et temporel auquel l'usage bureaucratique et ludique semblait le confiner. En d'autres termes, le Web aurait présenté les conditions idéales pour que le calculateur, une fois connecté au réseau, puisse devenir un dispositif de communication ouvert à tous, permettant de réaliser différentes tâches (travail, études, jeux, relations) dans une dimension pleinement sociale. Néanmoins, dans la première phase de la diffusion du Web, soit la décade allant de 1994 à 2004, le rôle de l'ordinateur se bornait principalement à la réception, lors de la communication avec des sources d'informations. Sans trop se distinguer d'un journal, d'une radio ou d'une télévision, il paraissait décidément sous-employé par rapport à son potentiel de création d'interactions et d'échanges, dans le contexte global offert par le Web. Le dépassement d'une telle limitation a pu être effectué lors de la deuxième phase de développement du Web : en imposant conjointement des contenus multimédia (aux dépens de la persistance de l'écriture alphabétique) et un modèle d'organisation hypertextuel des informations (au lieu des systèmes hiérarchiques à structure ramifiée, désormais obsolètes), le Web semble avoir accompli une double mission : a) favoriser la liberté d'expression de groupes hétéroclites ; b) acquérir et diffuser des connaissances à échelle globale[12].

---

[12] Breton P., *Le culte de l'Internet. Une menace pour le lien social ?*, Paris : La Découverte, 2000. Du même auteur nous signalons aussi

Le Web 2.0[13], formule apparue en 2004 (à l'occasion de la conférence homonyme organisée par un célèbre éditeur spécialisé en informatique), est devenu une expression de référence pour désigner toutes les approches visant à favoriser la participation active et le partage de contenus entre de grands groupes d'utilisateurs. Malgré l'ambiguïté inhérente à chaque terme idéologique, cette formulation a certainement le mérite d'identifier un moment clé dans l'histoire du Web, en mettant en évidence l'accomplissement de son évolution en tant que nouveau média de masse. En effet, le Web permet actuellement une communication à distance avec plus de 3 milliards de personnes, éparpillées dans le monde entier[14], et semble bien loin d'être agonisant, comme certains ont pu le croire[15]. Naturellement, il ne faut pas négliger l'existence du phénomène appelé "fracture numérique globale"[16], qui

---

L'utopie de la communication : le mythe du « village planétaire », Paris : La Découverte, 2004.

[13] En s'inspirant directement de la méthode du développement de logiciels qui consiste à livrer plusieurs versions successives à partir du premier programme généré, l'expression « Web 2.0 » illustre l'évolution du World Wide Web, né comme un réseau de sites statiques et devenu ensuite une plateforme de services accessibles en ligne, qui favorisent une plus grande interaction avec les utilisateurs. De fait, cette formulation désigne désormais un plus grand taux de socialisation du Web, soit la mise en ligne de plus en plus fréquente d'expériences sociales de la vie réelle.

[14] En 1995, un an après la naissance officielle du WWW, la population qui accédait au réseau était à hauteur d'environ 16 millions, à savoir moins de 1 % de l'actuelle. Pour consulter les statistiques sur la population d'Internet, voir http://www.internetlivestats.com/internet-users/ (consulté le 27/11/2018).

[15] Anderson C., Wolff M., *The Web Is Dead. Long Live the Internet* [en ligne]. « Wired », San Francisco, California, U.S., 2010. Disponible à l'adresse : http://www.wired.com/2010/08/ff_webrip/ (consulté le 27/11/2018).

[16] Selon Pippa Norris, il existe différentes formes de *digital divide*, qu'il est possible de regrouper en trois catégories : a) la première, au

marque encore de nos jours l'exclusion d'une vaste partie de la population mondiale, n'ayant pas accès au réseau à cause de l'absence d'infrastructures technologiques dans certaines régions de la planète. Il s'agit, évidemment, d'une condition d'inégalité qui, tout comme l'analphabétisme, empêche l'accès aux technologies de l'information (numériques, dans ce cas). Néanmoins, malgré la fracture numérique, il est bien difficile de ne pas reconnaître que l'avènement et la diffusion dans de nombreux pays de différents services de *social networking*[17], comme par exemple Facebook ou Twitter, ont contribué à enrichir ultérieurement le potentiel du Web, en le transformant en un écosystème de référence pour la constitution d'un modèle de collaboration de masse. En effet, des centaines de milliers de personnes ont quotidiennement accès aux plateformes de services de *social networking* et *social media*[18] pour partager leurs expériences et collaborer à des

---

niveau global, réside dans la différence d'accès au réseau, entre les pays industrialisés et ceux en voie de développement ; b) la deuxième, de nature sociale, entre les "info-riches" et "info-pauvres" ; enfin, c) de nature politique, entre ceux qui utilisent ou pas les ressources digitales pour participer activement à la vie publique de la communauté. Pour plus de détails, consulter l'œuvre de Norris P., *Digital Divide. Civic engagement, Information poverty and the Internet worldwide*, Cambridge : Cambridge University Press, 2001.

[17] Ce terme se reporte à la plateforme spécifique de communication qui permet à l'utilisateur de gérer simultanément son propre réseau ainsi que son identité sociale. Pour plus de détails, voir Mercklé P., *Sociologie des réseaux sociaux*, Paris : La Découverte, 2016.

[18] Il est bien difficile d'établir une différence conceptuelle marquée entre ces deux formulations, ayant elles la tendance à être interverties dans le langage commun. Cependant, on peut tenter d'éclaircir la question par quelques éléments théoriques : un réseau social correspond à une structure de données personnelles pouvant fournir une représentation des utilisateurs et de leurs interconnexions (graphe social). Les médias sociaux, dont Twitter est souvent l'exemple type, désignent le contenu généré par les interactions entre les utilisateurs et transmis à travers des plateformes de services, qui en assurent la

projets de différentes natures, qu'elles soient politique, économique ou scientifique. En ce sens, il est opportun de rappeler la célèbre théorie élaborée par des chercheurs nord-américains [19] sur la capacité de la soi-disante "Wikinomie" (un modèle économique de type collaboratif basé sur la participation à distance de groupes anonymes pour le développement d'idées et de produits) à remplacer définitivement le système industriel traditionnel de type *top-down*, caractérisé de manière emblématique par le contrôle opaque des multinationales.

Les deux tendances de fond dont il a été question jusqu'ici – l'informatique omniprésente et le Web 2.0 – profilent un scénario caractérisé par une interaction serrée entre technologie, société et culture, soulevant plusieurs questions d'ordre sociologique et épistémologique. Par exemple : dans quelle mesure peut-on considérer que le réseau, dans sa déclinaison purement technique, soit porteur de transparence, partage, égalitarisme et antiélitisme ?[20] Est-ce que Internet peut vraiment "enrichir" qualitativement l'humanité, en la dotant d'une intelligence supérieure, ou au contraire, est-ce qu'il condamne la culture à s'abîmer dans la médiocrité et la stupidité ?[21] L'immense patrimoine de la connaissance mis en ligne représente-t-il le plus haut achèvement de la productivité humaine, ou bien s'agit-il d'un simple pêle-mêle de faits curieux, anecdotes et informations futiles,

---

collecte et la distribution autour de thèmes communs (appelés *hashtag*). Comme il a déjà été dit, un réseau social peut facilement être converti en *média* social : c'est le cas de Facebook.

[19] Tapscott D., Williams A. D., *Wikinomics : Wikipédia, Linux, YouTube... comment l'intelligence collective collaborative bouleverse l'économie*, Montreuil : Pearson, 2007.

[20] Vitalis A., « La fausse transparence du réseau », in *Réseaux*, 1991, volume 9, n°48, pp. 51-58.

[21] Head S., *Mindless: Why Smarter Machines Are Making Dumber Humans*, New York : Basic Books, 2012.

écho d'une *vox populi* omniprésente dans le cyberespace ? Ce n'est pas un hasard si une grande partie du débat contemporain, reporté par la littérature spécialisée, se concentre autour de la dichotomie opposant intelligence et stupidité de la foule : dans les deux cas, il s'agirait d'un effet collatéral dû à l'hypertrophie de la communication de masse, véhiculée par les réseaux sociaux. À vrai dire, si l'on allait au-delà de la bruyante polémique autour de la soi-disante ignorance collective, on pourrait reconnaître, au sein du débat entre les Apocalyptiques et les Intégrés[22], le *framework* culturel de référence, dans les limites duquel il serait possible de considérer rationnellement l'ensemble des questions concernant le réseau et ses conséquences sociales et épistémologiques.

Par ailleurs, dès lors qu'un instrument de communication atteint une indéniable portée de masse, se pose alors la question de son statut de média "froid" ou "chaud" (selon les termes de McLuhan[23]), mais aussi des effets produits sur l'écosystème social et cognitif de l'homme : est-ce que ce média modifie notre manière de penser et de s'exprimer dans l'ère de l'électronique ? Si oui, dans quelle mesure ? En guise d'exemple très révélateur, on pourrait rappeler le choix de la célèbre revue américaine *Time* de mettre en couverture l'image d'un écran d'ordinateur, surmontée du titre "You"[24] : bien qu'il s'agisse d'une réponse biaisée par du sensationnalisme, cette provocation éditoriale a le mérite de résumer efficacement la problématique que les chercheurs et les analystes ont à peine commencé à cerner. Quelle est la

---

[22] Eco U., *Apocalittici e Integrati. Comunicazioni di massa e teorie della cultura di massa*, Milano : Bompiani, 2001.

[23] McLuhan M., *Pour comprendre les médias*, Paris : Points, 2015.

[24] Il s'agit de la couverture dédiée au personnage de l'an 2006. Le sous-titre déclarait pompeusement : "Yes, You. You control the Information Age. Welcome to your world".

nouvelle configuration du savoir dans l'ère d'Internet ? Quelle garantie y a-t-il pour que la tant rêvée collaboration de masse ne laisse pas derrière elle que les ruines de la stupidité et de l'ignorance ? Face aux opportunités célébrées dans les discours apologétiques des théoriciens de l'intelligence collective, se trouvent des questions visant à éclaircir les processus sociaux, qui sont tout sauf transparents, et sous-tendent la construction de la connaissance.

Ce travail de recherche a pour objectif d'examiner d'un point de vue social et épistémologique le rapport problématique entre intelligence collective et processus de construction sociale de la connaissance dans le réseau[25]. Le recours à la métaphore d'un concept tel que le "cerveau global"[26] est dicté par la pensée que l'activité sociale d'un individu ne se borne pas à une simple dimension fonctionnelle, mais comporte toujours un transfert de sens, qui transporte vers autre chose ; dans le cadre de cette recherche, le "cerveau global" se présente comme un trope à l'intense pouvoir évocateur[27] : en effet, cette formule condense et permet de rendre compte, en quelque sorte,

---

[25] On adoptera dès lors le point de vue sociologique constructiviste, dans la mesure où l'on considère, en accord avec la pensée de Berger et Luckmann, que toute forme de connaissance, qu'elle soit écrite ou orale, science ou opinion, n'est pas donnée *a priori*, mais est plutôt le résultat d'un ensemble de processus, au cours desquels elle se forme et rend compte de la réalité. À ce propos, voir Berger P.L., Luckmann T., *La construction sociale de la réalité*, Paris : Armand Colin, 2012.

[26] L'image du cerveau global, représentant un réseau d'intelligences s'étendant à échelle planétaire, précède l'invention d'Internet et apparaît dans l'œuvre de différents auteurs ayant contribué à la littérature sociologique, philosophique et scientifique. Turner F., *Aux sources de l'utopie numérique : de la contreculture à la cyberculture*, Caen : C&F Editions, 2013 et aussi Loveluck B., *Réseaux, libertés et contrôle. Une généalogie politique d'internet*, Paris : Armand Colin, 2015.

[27] Durand G., *Les structures anthropologiques de l'imaginaire*, Malakoff : DUNOD éditeur, 2016.

des dynamiques d'intelligence collective qui caractérisent fortement la configuration actuelle du réseau. L'étude veut donc adresser deux questions principales :

1. Quelle est la nouvelle organisation du savoir (et, par conséquent, quelle est sa nouvelle représentation) en train de se dessiner, au moment où, étant donné les propriétés du réseau hypertextuel, la dynamique d'élaboration des connaissances s'effectue au sein d'une configuration de type *bottom-up* ? Si le modèle de représentation arborescent de dérivation aristotélicienne semble avoir cédé le pas à un paradigme de type rhizomatique[28], quels sont les fondements de légitimité d'une architecture liquide du savoir ?
2. Peut-on estimer la notion d'élite comme étant obsolète *de facto*, par rapport à l'idéologie de l'intelligence collective ? En d'autres termes : quel pourrait être le degré de certitude, quant au fait qu'il n'y ait plus d'action structurante de l'élite dans le processus de détermination de la connaissance en ligne ? Quel modèle sociologique et épistémologique serait-il en train d'émerger, au sein de la géographie réticulaire des savoirs ?

Pour tenter de répondre à ces interrogations, il faudrait avant tout considérer le réseau hypertextuel comme *média*, selon la définition qu'en donne McLuhan. Il n'est qu'en se focalisant sur la structure qui soutient les relations entre les contenus (plutôt que sur les contenus en eux-mêmes), qu'il devient alors possible de lui reconnaître le statut de

[28] Chez Deleuze et Guattari, le rhizome sert à illustrer une méthode de recherche philosophique sans hiérarchie, qui procède donc par d'imprévisibles connexions multiples. Pour plus de détails, voir Deleuze G., Guattari F., *Mille plateaux. Capitalisme et schizophrénie. Tome 2*, Paris : Éditions de Minuit, 1980.

techné, et, par conséquent, d'envisager une analyse vouée à l'observation des effets rétroactifs de cette structure sur le *logos*, c'est-à-dire sur l'organisation du discours, sur sa "rationalisation". À cause de la complexité et de l'actualité des interrogations faisant l'objet de cette réflexion critique, l'investigation se propose, tout d'abord, de contribuer à la systématisation d'une littérature, à la fois riche et éparpillée en plusieurs genres et disciplines : ainsi, l'attente est double, à savoir d'apporter un cadre au débat contemporain sur l'intelligence collective et de fournir une clé de lecture, permettant de décrypter les différentes options en jeu.

Pour mener à bien le travail de recherche, une approche méthodologique hybride a été préférée : la réflexion épistémologique sur le média s'accompagne de l'analyse sociologique sur les processus de construction des connaissances. L'avantage principal de cette approche est d'étendre le champ d'observation au-delà de la pure logique fonctionnelle assignée au média ; en d'autres termes, de ne pas se limiter à la décodification du média en tant que *datum* technologique ou culturel en soi, autonome et autoréférentiel. L'intention est plutôt de développer une réflexion capable de contempler la médiasphère dans son ensemble, en montrant la complexité des interactions existantes entre le média et le système de relations sociales et d'interactions culturelles, générée par le réseau hypertextuel[29]. De plus, cette perspective de recherche a peut-être le mérite de comprendre la condition provisoire des axiomes et des postulats, en acceptant la dépendance de chaque média au *hic et nunc*, en vertu du progrès technologique et de ses effets rétroactifs sur la société et la matrice culturelle.

---

[29] Casilli A., *Les liaisons numériques : Vers une nouvelle sociabilité ?*, Paris : Seuil, 2010.

Dans la première partie, la recherche aborde l'analyse, selon une perspective diachronique, des contributions théoriques portant sur la *notion de réseau*, afin de mettre en évidence les conditions théoriques ayant permis l'émergence et le développement des propriétés ontologiques du concept de réseau[30]. En s'appuyant sur la contribution théorique de Pierre Musso[31], on retracera le parcours de progressive objectivation et formalisation de l'idée de réseau, à partir du modèle cartésien du *réseuil*, jusqu'à l'établissement d'une authentique rationalité réticulaire avec Liebniz : en cessant d'être monocentrique, l'espace réticulaire de la pensée devient multidimensionnel et enfreint les règles strictes de l'arbre de Porphyre. Avec Leibniz, le réseau se place à la croisée de la recherche d'une langue universelle et du développement d'une pensée logique, indépendante des limitations dictées par le nominalisme. En ce sens, le philosophe allemand est le premier à imaginer le réseau comme une métaphore (tout à fait auto-suffisante quant à sa solidité conceptuelle) suggérant une organisation ouverte du réel et une représentation hypertextuelle du savoir (*ante litteram*). L'étude du passage partant du réseau

– entendu comme discours critique et démystificateur de tout ordre hiérarchique de type *top-down* – et aboutissant à ce que Musso définit "rétiologie", vient clore le tableau théorique de cette première partie. Ce glissement conceptuel, en effet, permet d'identifier le moment historique et culturel au cours duquel se produit la réification d'une idée, vidée de son pouvoir dé-constructeur, afin de l'élever au rang de narration de type historique qui puisse

---

[30] Parrocchia D., *Penser les réseaux*, Seyssel : Éditions Champs Vallon, 2001 et aussi Bantman P., « Le concept de réseau », in *VST – Vie sociale et traitements*, 2004/1 n° 81, p. 18-19.

[31] Musso P., *Critique des réseaux*, Paris : Presses universitaires de France, 2003.

justifier les *mirabilia* techniques de l'âge d'or de la bourgeoisie industrielle[32].

La deuxième partie de la thèse est consacrée à la réflexion sur trois concepts clés – *infosphère*, *hypertexte* et *cerveau global* – pour mieux comprendre les profonds changements qui ont remodelé le *framework* épistémologique moderne. Constatant tout d'abord que l'expérience d'un individu s'effectue en état d'immersion dans l'écosystème des médias analogiques et numériques présents sur la scène contemporaine, il est alors possible de présenter la notion d'"infosphère" comme une évolution de la "médiasphère" originelle. Par rapport à cette dernière, la notion d'"infosphère" aurait en effet le mérite d'élargir le domaine de l'information au-delà de l'*hortus conclusus* des médias *mainstream*, offrant une représentation hybride, dans laquelle l'univers digital se mélange à l'espace des moyens de communication classiques, tout en les modifiant. Une attention particulière est portée, en ce sens, à la thèse du "désordre digital" élaboré par le philosophe américain David Weinberger[33], selon lequel, à la crise de l'organisation sociale basée sur le paradigme typographique, s'accompagnerait une nouvelle dynamique de la pensée, capable de construire un espace de connaissance à la mesure de chacun. Le changement sociologique et épistémologique imaginé par Weinberger ne peut pas

[32] Musso P., « La raison du Réseau », in *Quaderni, N°52, automne 2003. Secret et pouvoir : les faux-semblants de la transparence*, pp. 55-56. Du même auteur nous signalons aussi « Réseau », *in Quaderni, N°63, printemps 2007. Nouveaux mots du pouvoir : fragments d'un abécédraire,* pp. 82-84.

[33] Weinberger D., *Everything is miscellaneous. The Power of the New Digital Disorder*, New York : Henry Holt & Co, 2007. Du même auteur, nous signalons aussi *Too Big To Know. Rethinking Knowledge Now That The Facts Aren't the Facts, Experts Are Everywhere, and the Smartest Person in the Room is the Room*, New York : Basic Books, 2014.

être expliqué sans s'arrêter sur le concept d'"hypertexte", comme paradigme de représentation de l'infosphère. Le média exerce un conditionnement sur les capacités cognitives de l'homme : à partir de cet axiome, cette recherche se questionne sur les effets produits par Internet sur le cerveau, en consultant certaines des plus grandes contributions critiques à ce sujet. Au sein de cette discussion, l'hypertexte est étudié pour souligner la résurgence de la notion d'espace réticulaire – telle que Liebniz l'a énoncée – dans le cadre de la démarche théorique visant au développement d'un système d'idées, ouvert à des parcours déterminés *a posteriori* par un agent humain ; en outre, en tant que flux non linéaire, l'hypertexte devient un médium particulièrement apte à transmettre l'expression de la pensée humaine (elle-même non séquentielle à l'origine), contrairement au livre, figé par la culture typographique. Le dernier chapitre de la partie dédiée aux mutations épistémologiques en cours porte sur l'idée de "cerveau global", métaphore se référant aux différents modèles d'intelligence collective. Dans l'infosphère hypertextuelle, le dispositif de l'écriture s'ouvre à une trame de connexions explicites, générées par les utilisateurs, qui favorise une expérience sociale dans la construction du sens. À partir de cette configuration, ouverte à la pluralité, il est possible d'articuler un discours autour des intelligences sociales ; ainsi, il a été choisi d'affronter la multiplicité des points de vue sur ce thème à travers une analyse qui, suivant l'approche du chercheur Francis Heylighen[34], remet en cause trois regroupements théoriques majeurs : l'émergentisme, l'encyclopédisme et l'organicisme. Grâce à cette contribution, il est possible de

---

[34] Heylighen F., *Conceptions of a Global Brain: An Historical Review* [en ligne], Brussels, Belgium, 2005. Disponible à l'adresse http://pespmc1.vub.ac.be/Papers/GBconceptions.pdf (consulté le 27/11/2018).

décrypter les racines culturelles à la base du modèle de l'intelligence collective, en opérant une contextualisation de ses principaux termes techniques, à travers la confrontation, par exemple, entre Lévy, Vernadskji et Teilhard de Chardin, sur le concept de "noosphère".

Enfin, la dernière partie du travail de recherche présente les trois axes autour desquels s'articule une possible réponse aux questions ouvertes au tout début de la réflexion, à savoir :

a) Quelle morphologie du savoir se profile au sein de l'infosphère ?
b) Est-ce que la notion d'intelligence collective définie par Lévy constitue le paradigme conceptuel le plus efficace pour rendre compte des dynamiques du Web 2.0 ?
c) Le concept d'élite peut-il être considéré comme définitivement obsolète face à la "sagesse des foules" ?

Quant à la première question, il est nécessaire, en premier lieu, de circonscrire le périmètre sémantique du concept de "connaissance diffusée en ligne" (une sorte de *bouillon de culture*, doté d'une légitimité autonome, quoique problématique, par rapport à la simple opinion), pour ensuite procéder à l'identification de la forme qui pourrait représenter au mieux une telle configuration du savoir. Si l'on se réfère à la dichotomie conceptuelle entre dictionnaire et encyclopédie, introduite par Umberto Eco[35], le modèle sémiotique du "dictionnaire" révèle ses propres limites épistémologiques ; en effet, l'arbre de Porphyre est le symbole même des classifications hiérarchisées, dont le but est de réduire la complexité du monde à une série de divisions par catégories : pourtant,

[35] Eco U., *Dall'albero al labirinto. Studi storici sul segno e l'interpretazione*, Milano : Bompiani, 2007.

cette ambition simplificatrice demeure irréalisable. D'autre part, il est possible d'entrevoir le potentiel novateur à la base du modèle d'espace du *savoir encyclopédique*, envisagé comme réponse aux répercussions causées par les révolutions scientifiques du monde moderne. Si l'on accepte que, par effet du copernicianisme, une nouvelle conception d'espace ouvert et polycentrique s'est développée, il serait alors présomptueux de vouloir enfermer le savoir en une seule et unique représentation, qui serait inévitablement inadéquate à l'explication et à la compréhension de la complexité du monde, et donc de la connaissance que l'on peut en avoir. Naturellement, bien qu'ayant conscience de l'insuffisance du modèle théorique archaïque de type *top-down*, tel que l'arbre de Porphyre, l'hypothèse sur la nouvelle morphologie du savoir (polymorphe, désarticulé et fragmenté) reste tout de même problématique, offrant de nouvelles questions et réflexions.

Pour aborder les deux derniers points, concernant le concept d'"intelligence collective" et le rôle des élites, il nous semble opportun de commencer par la crise du principe d'autorité, déjà révélée par le déclin du paradigme typographique et amplifiée par l'émergence du réseau hypertextuel. Puisque la pratique hypertextuelle d'écriture/lecture offre aux utilisateurs du réseau un dispositif de désintermédiation intellectuelle, il se pose alors le problème de la légitimité de la logique du *filtre*, appliquée à la dimension de l'infosphère digitale[36]. En montrant les différentes options théoriques disponibles (en rapport avec l'idée d'un dépassement du mécanisme filtrant bien consolidé au sein de la culture typographique), ce travail de recherche se propose d'exposer le concept d'"intelligence collective", tel qu'il a été formulé par

[36] Bardeau F., Danet N., *Lire, Écrire, Compter, Coder*, Limoges : Fyp Editions, 2014.

Pierre Lévy[37], sans toutefois hésiter à en mettre en évidence les limites et les failles. Au lieu de l'idée de Lévy d'une intelligence socialement distribuée, nous préférons adopter un modèle conceptuel alternatif, celui de la "sagesse de la foule", élaboré par James Surowiecki[38]. En effet, ce dernier présente plusieurs avantages :

– Il tend à une finalité immanente et donc vérifiable (contrairement à l'intelligence transcendante de Lévy) ;

– Il définit clairement les modalités à travers lesquelles les interactions sociales à l'intérieur d'un groupe peuvent générer une intelligence partagée.

Il s'ensuit que la sagesse de la foule n'est pas prédéterminée, mais conditionnée par la combinaison effective des modes d'interaction entre les membres du groupe. Cela permettrait également de fournir des contre-exemples de dynamiques sociales au sein du réseau qui réfuteraient, du moins partiellement, l'axiome de Lévy d'un espace du savoir indépendant du contrôle exercé par l'élite. Le réseau hypertextuel pourrait favoriser, en effet, la constitution d'une sagesse collective (humaine). Néanmoins, la complexité atteinte par l'infosphère est telle – au niveau de la masse de documents qu'elle contient et de leur organisation qui transforme leur valeur en connaissance – qu'il est désormais nécessaire de recourir à des filtres artificiels, dont l'action ne correspondrait pas aux règles dictées par la sagesse des foules. À la lumière des prémisses de cette recherche, se dessinerait alors un scénario inattendu, quant à la fonction et à l'impact exercés par des élites humaines et artificielles sur la construction sociale de la connaissance.

---

[37] Lévy P., *L'intelligence collective. Pour une anthropologie du cyberspace*, Paris : La Découverte, 1994.

[38] Surowiecki J., *La sagesse des foules*, Paris : Jean-Claude Lattès, 2008.

2. Cadre théorique

2.1. Réseau et rationalité

De nos jours, le concept correspondant au terme de "réseau" figure parmi les quelques entités dotées d'une aura aussi mystérieuse que suggestive. L'époque en cours semblerait lui avoir décerné une place triomphale, le réseau étant élevé au rang de *doxa* dominante, aussi bien dans le langage commun que dans le jargon scientifique et spécialisé – qu'il s'agisse des sciences naturelles ou bien des sciences humaines et sociales – dès lors qu'il est assimilé à un paradigme capable d'expliquer le fonctionnement de la pensée et de l'action humaine. Si d'un côté, l'abus de ce concept risque de miner la précision de son périmètre sémantique, d'un autre côté, c'est justement cette complexe stratification de sens qui confère au réseau une richesse dialectique irréfutable. Des traces de cette polémique interne se distinguent dans la tension entre deux acceptions du terme, l'une renvoyant à une idée de perte de soi, tandis que l'autre à une liberté retrouvée : les formules d'usage quotidien "Je suis tombé dans la toile" et "Je suis sur le Web" constituent un clair exemple de cette ambivalence. Capable d'exercer une réelle attraction sensuelle, la notion de réseau agit comme un facteur de ré-enchantement du monde, en offrant un nouveau sentiment de transcendance pouvant dépasser les conflits socio-économiques qui ont éclaté au grand jour au cours de ces vingt dernières années : il suffit de penser au *digital divide*, que nous avons déjà évoqué auparavant, ou la fracture au sein de la catégorie des travailleurs de la connaissance.

Figure caractérisée par la dualité, le réseau est à la fois une technique et une technologie : s'il coïncide avec l'ensemble des procédures et applications qui assurent le bon fonctionnement des processus néo-industriels, il correspond également avec le discours que ce fonctionnement cherche à représenter et en quelque sorte à justifier. Au sein de cette ambivalence, le *réseau* se pose à la fois comme une forme de rationalisation qui ordonne et donne un sens au réel, et à la fois comme le "rêve" techno-imaginaire d'un monde régénéré sous le signe de la liberté et de l'égalité. En tant que technique, la figure du réseau reprend la fonction des filets de pêche et, bien avant, la technique du tissage : c'est de cette pratique, présente également en nature avec la toile d'araignée, qu'elle a hérité sa représentation en un tissu de lignes et de points, où tout s'entrelace et s'interconnecte (le réseau en tant qu'espace de passage). En tout cas, le réseau finit par être ressenti comme "une entité intermédiaire entre les formes artificielles du tissage et celles naturelles des corps vivants, et tout particulièrement le corps humain" [39], assimilation d'ailleurs à la base de la vision de la médecine classique d'Hippocrate et Galien. Enrichie au cours du temps par ces images et ces allusions au monde naturel, la dimension purement technique du réseau a subi une transcendance vers une représentation symbolique du réticulaire, illustrant la structure générale du monde.

Entre le XVIIIe et le XIXe siècle, se produit un passage décisif dans la formalisation du concept de réseau : alors qu'auparavant la métaphore réticulaire avait été "naturalisée", en la rapprochant au corps, vers la fin du 18e siècle,

[39] Musso P., *op. cit.*, p. 6.

une inversion se réalise, où le réseau est alors configuré comme une structure artificielle. Le réseau prend la forme d'un objet mathématique, qui peut être construit et qui, donc, n'est pas donné *a priori* :

> « Tandis que les médecins et les philosophes avaient expliqué le corps à partir de l'image d'un réseau artificiel, les ingénieurs et les sociologues du XIXe siècle analyseront les réseaux techniques à partir des effets réticulaires observés dans le corps humain, jetant ainsi les bases de l'identification complète entre corps et réseau, caractéristique de l'idéologie contemporaine. [...] Si le réseau artificiel était autrefois utilisé comme modèle pour expliquer le corps humain, à présent sa fonction métaphorique est inversée, et l'organisme devient la métaphore qui éclaire le réseau technique moderne. C'est de cette transformation que naît le concept moderne de réseau. »[40]

Jeté hors du corps, le réseau devient une pratique géométrique, appliquée à l'ingénierie, afin de gouverner la nature ; mais en transformant la nature, le réseau lui-même s'élève jusqu'à être l'un des plus puissants instruments théoriques de l'âge moderne, s'imposant comme une véritable « matrice spatio-temporelle »[41]. Tandis qu'au XVIIIe siècle, l'ingénierie modifie le profil du territoire européen (*quadrillé* selon un strict réseau de connexions militaires, hydriques et routières), le réseau devient un schéma d'organisation de l'espace au service d'une pensée normative et classificatrice :

> « La norme est ce qui assure l'intégration des parties dans le tout. Qu'elles soient de nature technique ou éthique, ce sont les normes et les procédures à déterminer les critères d'efficacité d'une organisation. »[42]

Il apparaît évident, donc, que la fureur géométrique des révolutionnaires français s'est directement inspirée d'un

---

[40] *Ibid.*, p. 7.

[41] *Ibidem.*

[42] Mattelart A., *Histoire de la société de l'information*, Paris : La Découverte, 2009, p. 19.

modèle rationnel – réticulaire – dont la mission est d'établir « un espace cohérent et hiérarchisé »[43], en mesure d'émanciper l'humanité de l'esclavage de la Tradition, pour l'unifier sous le signe de la modernité.[44]

Si l'on revient quelque peu en arrière, les contributions théoriques de Descartes et Leibniz figurent parmi les étapes marquantes de ce parcours qui culmine avec la formalisation de la rationalité réticulaire, comme clé de lecture permettant de déchiffrer le réel et de comprendre les formes naturelles et artificielles qui s'offrent à l'homme. Chez Descartes, la conception de l'homme-machine, élaborée dans le traité *L'Homme* paru en 1662, se fonde sur la notion de réseau ou *réseuil*, employée pour décrire la superficie cérébrale, où transitent les forces vitales de l'homme. Descartes n'hésite pas à amplifier cette représentation du cerveau, qui devient l'épicentre d'un système réticulaire enveloppant l'organisme entier. Le réseau constitue, dans ce cas, une véritable "tapisserie", comme le déclare le philosophe lui-même. Localisé dans la zone cérébrale où se trouve la glande pinéale et communiquant avec le reste du corps, le *réseuil* de Descartes prend la forme d'une valve intégrée dans l'appareil cérébral, lui-même surface de transition des esprits animant le corps. Puisqu'elle est un lieu de passage des flux sanguins qui vont du cœur au cerveau, cette valve joue le rôle d'infrastructure matérielle pour la circulation des fluides corporels et, parallèlement, sert de métaphore pour illustrer le corps technologique :

> « Le réseau agit, d'une part, en structurant une relation immatérielle et réflexive avec la glande pinéale située en son centre (c'est-à-dire au centre du cerveau), et, d'autre part, en instaurant une rela-

---

[43] *Ibid.*, p. 20.

[44] Mattelart rappelle que sous la Révolution française, le terme "réseau" s'était répandu dans le jargon militaire, pour marquer l'avènement du recrutement massif.

tion matérielle avec le reste du corps, soit avec tous ses réseaux. »[45]

Si l'on reprend plus en détail ce double rôle que lui confère Descartes, il apparaît que la notion de réseau franchit ici une première étape dans sa transformation en forme abstraite : en tant que tissu à travers lequel transitent les fluides sanguins, le réseau-réseuil établit un "lien rationnel et transparent entre lieux invisibles (la glande pinéale)" [46] . Les deux principales visions de réseau jusqu'alors dominantes – celle galénique du corps-machine et celle du médecin anglais William Harvey, inspirée au système circulatoire à circuit fermé – sont de fait intégrées dans le dispositif conceptuel cartésien : le réseau en tant que "structure invisible d'intelligibilité"[47] se trouve être définitivement conceptualisé en forme abstraite. Toutefois, la vision du philosophe semble être minée par une prémisse qui limite, en un certain sens, l'élément rénovateur qu'elle comporte : pour Descartes, le réticule, tout en étant considéré sous la forme abstraite d'un dispositif de communication, reste néanmoins ancré à un support physique, le corps humain. On pourrait dire, suivant le modèle des observations de Musso, que l'espace cartésien "suppose l'existence d'un point fixe d'Archimède"[48] . On ne peut donc pas définir comme totalement rationnelle une dimension spatiale réticulaire qui reste suspendue à un clou : le réseau fait toujours partie d'un système, certes rationnel en soi, mais ne coïncide pas encore avec la rationalité elle-même.

La conceptualisation du réseau comme modèle rationnel absolu a été systématisée, en revanche, par Leibniz, au cours des réflexions développées dans la *Monadologie* et

[45] Musso P., *op. cit.*, p. 39.
[46] *Ibid.*, p. 41.
[47] *Ibid.*, p. 42.
[48] *Ibidem.*

dans le *Discours de métaphysique :* sans trancher de manière tout à fait explicite, le philosophe allemand établit un système dans lequel le réseau semble être la seule structure qui puisse représenter la logique du réel. Dans une autre œuvre, l'*Ars Combinatoria*, Leibniz élabore une théorie de la relation dans laquelle "la relation entre une chose et une autre est soit une relation d'affinité, soit une connexion"[49]. Il a justement été observé qu'en vertu de sa théorie des jeux et de ses travaux sur le *calculatus situs*, Leibniz aurait anticipé la plus récente formulation de la théorie des graphes[50]. Dans l'*Ars Combinatoria*, le philosophe allemand développe différents schémas réticulaires, pour enfin démontrer que seulement dans celui de l'harmonie préétablie, l'effort minimal de Dieu détermine l'harmonie maximale au sein de l'univers. Il est intéressant de relever que la notion de réseau, chez Leibniz, soit à la fois un instrument logique et mathématique, et le point d'arrivée d'un plus ample processus de divinisation. Avec le philosophe allemand, une nouvelle typologie d'espace prend forme, non plus centripète comme dans le modèle cartésien, mais réticulaire :

> « L'espace sans origine de Leibniz (puisque tout point est origine) génère et accueille des ordres et des références multiples, comme une encyclopédie. Cet ordre non linéaire, de type spatial, est la condition préliminaire pour la construction encyclopédique des points de vue et des connaissances, mais aussi pour la formalisation mathématique de cet espace même. [...] L'espace de Leibniz est constitué de points de vue et "sa seule référence absolue, c'est le tissu des relations". »[51]

---

[49] Couturat L., *Opuscules et fragments inédits de Leibniz*, Paris : Felix Alcan Éditeur, 1903.
[50] Serres M., *Le système de Leibniz et ses modèles mathématiques*, Paris : Presses universitaires de France, 1968.
[51] Musso P., *op. cit.*, p. 45.

Le réseau de Leibniz représente l'ensemble des relations possibles entre les monades et définit un espace idéal composé de points et de sommets.

La formalisation de la figure du réseau, donc, lancée par Descartes et Leibniz, mûrit d'un point de vue épistémologique au XVIIIe siècle, lorsque le réticule acquiert au sein des Lumières le statut d'"instrument de connaissance privilégié"[52] : une fois conceptualisée, la rationalité réticulaire permet de déchiffrer ce qui échappe au regard et de pénétrer les secrets de la nature (physique, biologie, anatomie). De la cristallographie jusqu'à la géométrie appliquée, de l'hydraulique à la chimie, d'innombrables secteurs techniques et scientifiques, au XVIIIe siècle, sont tributaires du modèle réticulaire, pour l'étude et la compréhension du réel. L'*Encyclopédie* de Diderot et D'Alembert constitue une sorte de synthèse des différentes utilisations et significations attribuées à l'époque au concept de réseau, et finit par le célébrer, en quelque sorte, comme le seul modèle de rationalité possible : à partir de l'acception originelle du réseau comme trame, jusqu'à aboutir à une connotation plus abstraite, qui permet de faire face à la nature "réinterprétée de manière rationnelle à travers le concept de forme réticulaire"[53]. L'œuvre encyclopédique est elle-même structurée selon une forme réticulaire : bien qu'au premier regard, elle puisse apparaître comme un parfait exemple de structure arborescente, symbole de la hiérarchie des savoirs, l'*Encyclopédie* dissimule en réalité un réticule complexe. Dans son "Discours préliminaire", D'Alembert décrit l'organisation de l'œuvre comme inspirée du modèle arborescent, mais également fondée sur le principe du map-réseau : selon le point de vue adopté, il est possible d'obtenir différents systèmes de la connaissance humaine,

[52] *Ibid.*, p. 50.
[53] *Ibid.*, p. 55.

tout comme il est possible d'avoir autant de cartes du monde qu'il existe de méthodes de projections[54]. Avec l'*Encyclopédie*, enfin, un modèle de rationalité réticulaire se consolide définitivement, en tant que système d'organisation et de compréhension de l'univers des connaissances.

2.2. L'automatisation de la raison

Dans le deuxième après-guerre, au milieu du XXe siècle, le développement des technologies de l'information marque l'aboutissement d'un ensemble de processus de transformations socio-économiques au sein du monde occidental : une "troisième révolution industrielle" est amorcée. Or, la naissance d'Internet, le réseau de tous les réseaux, et du World Wide Web[55], est représentative de cet ensemble de processus. Selon une opinion très diffuse, en effet, c'est grâce aux considérables connaissances scientifiques et techniques accumulées au cours du XXe siècle que de profonds changements ont pu avoir lieu, autant dans les modalités de production que dans la vie sociale et culturelle, déterminant ainsi l'émergence d'une nouvelle *société de l'information :*

> « La notion de "société de l'information" est en effet une conséquence directe des projets de machines intelligentes mis au point lors de la Deuxième Guerre mondiale. C'est à partir des années 1970 qu'elle est codifiée au niveau académique, politique et économique. [...] Néanmoins, les néologismes créés à l'époque pour désigner cette "nouvelle société" ne trahiront leur réelle signification géopolitique qu'au seuil du troisième millénaire, avec

---

[54] Pons A., *L'avventura dell'Enciclopedia*, in *Enciclopedia*, vol. I, Milano : Feltrinelli, 1966.

[55] Castells M., *La société en réseaux, tome 1 : L'ère de l'information,* Paris : Fayard, 1999, pp. 29-30.

ce qu'on appelle conventionnellement la "révolution informatique" et l'essor d'Internet comme nouveau réseau d'accès public. »[56]

Un trait commun de cette révolution, par rapport aux précédentes, pourrait être la nature envahissante de la mutation, soit la "capacité de pénétrer dans tous les domaines de l'activité humaine, non pas comme une source exogène, mais comme une fibre composant cette activité" [57] . Cependant, elle se distinguerait aussi très nettement des précédentes révolutions : au cœur de cette transformation se trouve le rôle primaire de l'information et des techniques d'élaboration et de communication qui lui sont associées. On pourrait dire, en effet, que le bouleversement total des configurations antérieures résulterait de la mise en place d'un dispositif vertueux, dans lequel l'information et la connaissance constitueraient les nouvelles ressources primaires, aboutissant à l'élaboration d'une connaissance enrichie et à une communication de l'information. L'effet final de ce processus serait le déclenchement d'un "cycle de *feedback* cumulatif entre innovation et applications de cette innovation"[58]. Il est toutefois nécessaire d'insister sur le fait que – comme il a été par ailleurs correctement observé[59] – derrière cette mutation de paradigme se cache un changement bien plus radical : si l'information est effectivement au cœur de ce cycle de production, elle est pourtant le résultat d'une pensée purement logique et mathématique. En effet, à l'origine du traitement de l'information, il y a un modèle de pensée qui n'a rien à voir avec la dimension purement subjective de l'expérience consciente, ou bien avec le fait

[56] Mattelart A., *op. cit.*, p. 5.
[57] *Ibid.*, p. 31.
[58] *Ibid.*, p. 32.
[59] Giannoli G. I., *Materializzazioni dell'anima. Dai modelli dell'intelligenza all'intelletto sociale*, Roma : Manifestolibri, 2003, p. 193.

que la raison soit une propriété générique de l'espèce humaine, d'après la longue tradition culturelle occidentale. Au contraire, la raison devient ici une puissance qui élabore des algorithmes et qui, par cela même, se transforme en une "force productive directe, et non seulement un élément déterminant du système de production"[60] ; c'est du moins ce que l'on en déduit, à partir de la relation étroite qui subsiste désormais entre les "processus sociaux de création et manipulation des symboles (la culture de la société) et la capacité à produire et distribuer des biens et des services (les forces productives)"[61].

Le "nouveau" modèle rationnel serait alors doué d'une logique propre, permettant de codifier et décoder les informations entrantes et sortantes du système ; or, cela refléterait un laborieux processus d'"automatisation de la raison"[62], dont les fondements théoriques auraient été posés par Leibniz. Cependant, le fait d'accepter la thèse d'un rapprochement progressif entre *logos* et machine, à l'instar de l'intégration cartésienne entre réseau et organisme, ne revient pas à valider *in toto* l'idée d'une "mécanisation" du corps humain. À ce stade culturel, "la notion de ce qui est dénombrable et mesurable devient le prototype de tout discours et définit en même temps l'horizon de la recherche de perfectibilité des sociétés humaines"[63]. Si l'on observe bien, le cadre culturel dont il est ici question est commun au processus d'élaboration du modèle de rationalité réticulaire :

> « Désormais, le calcul est élevé au rang de "loi naturelle" régulant toute manifestation vitale de la société, parce qu'un calcul qui laisserait une marge d'imprévisibilité dans le système qu'il entend contrôler ne serait pas rationnel. Par conséquent [...] la société entière, du moins en général, est sujette à un calcul rationnel dont les

---

[60] Castells M., *op. cit.*, p. 32.
[61] *Ibidem.*
[62] Mattelart A., *op. cit.*, p. 8.
[63] *Ibid.*, p. 7.

lois décrivent et prescrivent les actions des individus, aux yeux desquels la légalité du calcul apparaît comme une donnée inviolable, car d'elle dépendent les conditions générales de l'existence. »[64]

Ce "mysticisme du chiffre" se retrouve dans l'approche du philosophe saxon vouée à formuler et définir un ensemble de processus algorithmiques permettant une économie non négligeable d'énergies employées dans la résolution d'opérations liées au calcul infinitésimal[65]. En même temps, Leibniz pose les objectifs d'automatisation de la pensée dans le cadre de l'élaboration d'un code universel, afin d'assurer une parfaite circulation des informations et des connaissances. Sans nécessairement parler de la fondation d'une "langue œcuménique"[66], il est certain que les efforts de Leibniz visaient à dépasser les imperfections des langues naturelles, en vertu de la force incontestable de l'application de règles scientifiques et mathématiques.

Si l'on analyse plus en détail le parcours méthodologique adopté par le philosophe allemand pour la création d'une véritable *lingua generalis*, on distingue quatre passages fondamentaux :

1. La définition d'un système de "primitifs" (sorte d'"alphabet de la pensée", selon la formule créée par Umberto Eco) ;
2. L'élaboration d'une grammaire idéale ;
3. La définition d'un ensemble de règles pour la prononciation des caractères ;
4. L'élaboration d'un lexique de caractères réels sur lesquels opérer un calcul "capable d'amener celui

---

[64] Galimberti U., *Psiche e techne. L'uomo nell'età della tecnica*, Milano : Feltrinelli, 2009, p. 405.
[65] Mattelart A., *op. cit.*, p. 8.
[66] *Ibid.*, p. 11.

qui parle à formuler automatiquement des propositions vraies"[67].

La condition nécessaire à la base de ce procédé analytique consiste en la décomposition du savoir en catégories définies *a priori*, les "primitifs ", auxquels on aurait assigné un chiffre, transposé ensuite en consonnes et voyelles. Leibniz est conscient du fait qu'il n'y ait aucune certitude dans l'attribution du statut de primitif à un ensemble d'entités, à un moment historique donné : en d'autres termes, rien n'empêche, logiquement, que les primitifs puissent être eux-mêmes décomposés en atomes plus petits, faisant ainsi s'écrouler, du moins en apparence, toute la structure logique préalable. Toutefois, tout ce qu'il importe de retenir de cette expérience de Leibniz, c'est la reconnaissance de la primauté de la logique formelle par rapport à la sémantique limitée de la langue ordinaire. La caractéristique la plus innovatrice est d'admettre que les primitifs fonctionnent comme un "appareil de calcul pour trouver des idées"[68], indépendamment de l'ensemble des significations que la pensée humaine peut discerner :

> « Bien que ce langage dépende de la vraie philosophie, il ne dépend pas de sa perfection. Cela équivaut à dire : ce langage peut être élaboré même si la philosophie n'est pas parfaite. Dans la mesure où la science des hommes s'accroîtra, ainsi s'accroîtra ce langage. Entretemps, il nous sera très utile pour nous servir de ce que nous savons et pour identifier ce qui nous manque, et aussi pour inventer les moyens d'y arriver. Mais surtout, il nous sera utile pour éliminer les controverses dans les sujets qui dépendent de la raison. Parce qu'alors raisonner et calculer ne feront qu'un. »[69]

---

[67] Eco U., *La ricerca della lingua perfetta nella cultura* europea, Roma-Bari : Editori Laterza, 2008, p. 290.
[68] *Ibid.*, p. 298.
[69] Couturat L., *op. cit.*.

Leibniz formule, essentiellement, les principes d'une *cogitatio caeca*, soit un nouveau type de raisonnement, capable d'effectuer des calculs et de parvenir à des résultats corrects[70] : la *véritable* forme des propositions prime sur la signification *vérifiable* des termes. Leibniz estime pouvoir élaborer un modèle de communication privé de l'ambiguïté typique des langues naturelles : en effet, celles-ci sont jugées porteuses d'équivoques et, donc, incapables d'être employées comme un calcul. Il devient donc nécessaire de recourir à un langage fait de signes, pour lesquels tout raisonnement consiste en la manipulation de caractères, et toute erreur mentale équivaut à une erreur de calcul.

S'inspirant de la logique formelle, Leibniz consolide son idée selon laquelle la condition suffisante pour toute proposition vraie est de postuler des primitifs : de là naît l'intuition que le modèle arborescent de recension du savoir ne puisse pas être autonome (des autres connaissances du monde considérées comme primitives) ; ce dernier peut, tout au plus, présenter une taxonomie, mais non pas une définition [71]. Il est nécessaire, selon lui, qu'une organisation du savoir formellement correcte et dotée de sens soit pluridimensionnelle et agrémentée de connexions entre les connaissances, pour que chaque aspect puisse être considéré sous une perspective différente. Anticipant ainsi l'approche adoptée par Diderot et D'Alembert dans l'*Encyclopédie*, le philosophe allemand légitime l'idée d'un réseau de concepts comme infrastructure *ouverte* de représentation du réel : l'élément d'ouverture sert à rendre l'ordre adaptable, pour une progression des découvertes scientifiques.

---

[70] Eco U., 2008, p. 300.

[71] Eco U., *Dall'Albero al Labirinto. Studi storici sul segno e l'interpretazione*, Milano : Bompiani, 2007, p. 51.

Si l'on revient quelque peu en arrière d'un pont de vue historique, la notion par Francis Bacon d'une "science utile" pourrait s'inscrire dans la même lignée que celle de Leibniz : selon Bacon, aucun renouveau du savoir ne peut avoir lieu sans une critique des *idola fori* (idoles de la place publique), soit les préjudices, religieux ou non, véhiculés par la langue courante. La confusion intellectuelle, induite par les idées fausses, se reconnaîtrait dans l'imprécision avec laquelle nous parlons du monde et nous nous y rapportons : s'imposant à nous à travers les mots, les *idola* sont ou des noms de choses qui n'existent pas [...], ou bien des noms de choses qui existent, mais vagues, mal définis et extrapolés du réel de façon bâclée et partielle [72]. L'incompréhension entre interlocuteurs ou, pire, l'incapacité à distinguer la vérité du savoir scientifique de la pure *doxa* dépend exclusivement, pour Bacon, de la manière dont les *idola* peuplent le langage humain :

> « La finalité principale du langage, dans la communication, étant celle d'être compris, les paroles trahissent cette finalité [...] lorsqu'un mot ne suscite pas, chez celui qui écoute, la même idée qu'elle représente dans l'esprit de celui qui parle. »[73]

De là naît l'exigence d'une thérapie linguistique, qui s'exprime dans la tentative d'élaborer un langage de signes, purifié de toute imprécision : ces caractères, bien que conventionnels (*ad placitum*), peuvent faire référence à des notions ou entités bien définies, de manière à devenir, pour Bacon, "réels". La difficulté de cette mission est identique à celle que Leibniz a dû affronter : identifier les entités primaires, soit les notions fondamentales et originelles, pouvant constituer un alphabet sur la base duquel réorganiser les savoirs scientifiques.

---

[72] Bacon F., *Instauratio Magna, Pars Secunda: Novum Organum* (1620).

[73] Locke J., *Essay concerning human understanding* (1690), IX, in Eco U., *La ricerca della lingua perfetta*, 2008, p. 228.

Comme on a pu le voir, l'effort intellectuel de ces auteurs porte certes sur la construction d'une grammaire épurée des irrégularités des langues naturelles, mais surtout sur une nouvelle organisation des idées, en harmonie avec celle du réel : une fois cette condition fondamentale remplie, il devient alors possible d'élaborer un nouveau code universel, répondant au besoin d'"un accord total entre expression et contenu"[74]. En d'autres termes, on pourrait dire que la mission commune de ces maîtres de la pensée fut celle de tisser une maille ontologique exempte de nœuds métaphysiques, qui auraient pu offusquer la clarté de la trame :

> « On comprend maintenant pourquoi ces langues ont été définies comme philosophiques, et *a priori*. Il faut trouver et organiser une sorte de "grammaire des idées", indépendante des langues naturelles et donc, postulée *a priori*. Une fois cette organisation du contenu esquissée, il sera possible d'établir des caractères susceptibles de l'exprimer. Par conséquent, comme le dira ensuite Dalgarno, *le travail du philosophe précède celui du linguiste.* »[75]

Il n'est pas question, dans cette recherche, de discuter des problématiques épistémologiques à la base d'un tel projet[76], mais nous souhaitons simplement en citer quelques épisodes majeurs, qui laissent transparaître l'importance du legs dont nous avons hérité grâce à la recherche d'un langage universel, dans la perspective d'une rationalité réticulaire émergente et de la construction progressive d'une culture techno-utopiste.

---

[74] Eco U., 2008, p. 237.

[75] *Ibid.*, p. 238.

[76] La principale problématique, agitant au fond le projet de recherche de la langue parfaite, demeure dans le critère de choix des primitifs : soit ils dépendent de notre expérience du monde et sont, donc, des mots-objets ; soit ce sont des idées innées, à réactiver en allant à rebours dans notre mémoire. D'un côté, on ne pourra pas évincer l'imprécision, tandis que de l'autre, on ne pourra pas lister de façon exhaustive toutes les idées innées universelles.

Tout d'abord, l'intuition de Leibniz quant à l'adoption de règles formelles permet de fonder un modèle de raisonnement algorithmique – la *cogitatio caeca* – capable d'élaborer les informations selon des principes logiques. Ensuite, l'obsession de toutes les langues philosophiques *a priori* (nées d'un besoin d'épurer la communication humaine de tout bruit) exprime de manière typique l'urgence – voire le besoin naïf – de donner une nouvelle transparence au rapport entre les mots et le réel (besoin analogue chez les néo-positivistes, dans la première décade du XXe siècle). Ce n'est pas un hasard si la réorganisation de l'*épistémè* moderne, où s'amorce une formalisation de la fracture entre les mots et le réel, prend forme entre le XVIe et le XVIIe siècle. Dès lors, il est possible de penser "par catégories", afin d'aider la raison à percer les secrets du monde : comme l'observe Foucault, le langage en tant qu'interface entre les entités et leur représentation tend à disparaître, laissant à la classification le rôle de définir l'ordre formel à travers lequel exprimer la cohérence des choses[77]. En dernier lieu, le projet d'une langue analytique repose sur les mêmes prémisses que la réalisation d'un code informatique, fondé sur un ensemble commun de règles pour le traitement et l'élaboration des informations : il s'agirait évidemment du discours utopique sur l'édification d'un système de communication mondial, qui permette à l'humanité de retrouver une sorte d'*oïkoumène*, perdue après la diaspora linguistique de Babel.

2.3. Techno-utopies réticulaires

Au cours de son développement historique, la rationalité réticulaire semble avoir partagé le même destin – dialectique – que certains ont cru voir au sein de la

[77] Foucault M., *Les mots et les choses*, Paris : Gallimard, 1990.

philosophie des Lumières[78]. Comme on a pu le voir, l'idée de réseau, constituée entre le XVIIe et le XVIIIe siècle, devient sous les Lumières la seule structure conceptuelle capable d'organiser la réalité, en la libérant de la tradition pour la mettre au service d'une nouvelle société, plus rationnelle. Il est possible de reconnaître des convergences ponctuelles avec la pensée des Lumières, qui assigne au sujet, considéré comme agent historique et idéal, le devoir de s'émanciper de toute crainte et autorité externe, et d'affirmer sa propre identité rationnelle autonome, sa propre liberté[79].

Néanmoins, un mouvement dialectique agite le modèle des Lumières :

> « Né pour combattre le mythe au nom de la raison, l'Illuminisme finit par considérer la raison elle-même comme une entité mythologique : il n'existe aucun concept général auquel se référer pour trouver les fondements de la justice, de l'égalité, du bonheur et de la tolérance. »[80]

Il y a une contradiction fondamentale au sein du modèle de pensée des Lumières : tout en cherchant à nier la nature, la raison ou *logos* continue pourtant à contenir en soi le paradigme "naturel", en affirmant son propre statut de destin universel de l'humanité. Il en résulte une tentative d'échapper à l'état de nature, qui se révèle à la fois nécessaire (sans cela, les Lumières perdraient tout sens) et impossible, puisque la nature reste comprise dans la pensée du XVIIIe siècle. À cette aporie s'en ajoute une autre, liée à la problématique de la connaissance en tant que domaine :

---

[78] Horkheimer M., Adorno T. W., *La dialectique de la raison : fragments philosophiques,* Paris : Gallimard, 1983.

[79] *Ibidem.*

[80] Izzo A., *I percorsi della ragione. Il tema della razionalità nella storia del pensiero sociologico*, Roma : La Nuova Italia Scientifica, 1996, p. 92.

« L'intellect qui dissipe la superstition doit commander sur la nature désenchantée. Le savoir, qui est un pouvoir, ne connaît pas de limites, ni asservissement des créatures, ni docile consentement aux seigneurs du monde [...] L'essence de ce savoir repose sur la technique. Il ne tend pas vers des concepts et des images, mais au bonheur de la connaissance, à la méthode, à la meilleure exploitation du travail de tiers, au capital. » [81]

Le *logos* représente ici le seul horizon du pouvoir, plutôt totalitaire, où s'effectue la séparation du sujet et de l'objet : en d'autres termes, il ne peut pas s'émanciper véritablement, puisque, alors même que le sujet semble trouver sa propre identité par le savoir, il la perd immédiatement.

Les présupposés qui définissent la dialectique de la pensée rationnelle sont les mêmes que ceux qui suscitent une tension au sein de l'idée du réseau. De manière analogue au *ratio* des Lumières, la notion de réseau exerce une fonction "critique" de dépassement de l'existant, en transformant la nature à l'image d'un ordre spatial horizontal. Toutefois, elle finit par se convertir en un discours "rétiologique"[82], narration métahistorique pour justifier la transformation sociale, profondément influencée par les innovations techniques réticulaires, amorcée à partir de la fin du XIXe siècle (par exemple, l'essor du réseau électrique et ferroviaire dans tout l'Occident industrialisé). Avec Henri de Saint-Simon[83], la notion de réseau se charge déjà de la fonction de liant social, jouant le rôle de matrice positive dans le cadre d'une transition

---

[81] Horkheimer M., Adorno T. W., *op. cit.*, p. 12.

[82] Mêlant idéologie et technologie de l'esprit, le néologisme "retiologie", adopté par Pierre Musso, indique le discours sur le réseau technique, combiné à l'utopie de changement social.

[83] Saint-Simon C. H. de, *Œuvres de Claude-Henri de Saint-Simon*, Paris : Éditions Anthropos, 1966. Les références à la notion de réseau sont disséminées tout au long de l'œuvre de Saint-Simon, notamment dans les travaux *Mémoire sur la science de l'homme* et *du système industriel*.

historique vers un futur plus clément. Cet auteur reprend l'analogie du corps-réseau pour esquisser une théorie sociale dans laquelle le réseau, exerçant la fonction de médiation des pulsions conflictuelles entre les classes sociales, permettrait de résoudre la tension dialectique et de créer une nouvelle harmonie sociale. Dans la pensée de Saint-Simon, l'image du corps (social) organisé selon un réseau devient un horizon vers lequel il faut se diriger, contribuant ainsi à donner un sens historique positiviste à la transition postrévolutionnaire française : l'école saint-simonienne contribue à la réification de la figure du réseau, essentiellement en le considérant comme un instrument pour justifier l'impact que les grandes infrastructures de communication ont eu sur les sociétés européennes du milieu du XIXe siècle. Le réseau réifié se pose donc comme discours sur la transformation sociale, mais aussi sur l'action unificatrice de l'organisme social, évitant ainsi le risque de dérives séparatrices. Face à cette opération de réduction fétichiste de la notion de réseau, s'élève la critique proudhonienne, et, plus généralement, celle de matrice anarchiste : tout en reconnaissant aux infrastructures techno-réticulaires un rôle d'agent de changement social, la critique formulée tend, d'un côté, à en dénoncer le caractère conservateur, car un réseau technique centralisé servirait le pouvoir d'un État monarchique, et, de l'autre, à insister sur le potentiel révolutionnaire inhérent au modèle du réseau décentralisé[84].

---

[84] On peut renvoyer à la vision proudhonienne du réseau de damier, fédérateur et égalitaire, inspiré aux réseaux idrauliques face au réseau centralisé rayonnant, sur l'exemple des chemins de fer en France sous le Second Empire. De la même manière, le théoricien anarchiste Piotr Kroptkin parle de réseau électrique comme un vecteur des organisations sociales décentralisées et autogérées. Pour approfondir voir l'oeuvre *Idée générale de la Révolution au XIXe siècle*, p. 201 in *Oeuvres complètes*, vol. XII, Paris : Librairie internationale, 1868.

La combinaison de ces éléments – d'une part, le réseau réduit à fétiche et de l'autre, la vision libertaire du réticule décentré – contribue à l'émergence d'un discours, appartenant à la techno-utopie réticulaire :

> « Le triomphe idéologique du réseau coïncide avec la totale dissolution théorique de ce concept, qui n'a plus aucune fonction de référent symbolique. Cette "rétiologie" combine un concept réifié, devenu technologie, et une utopie inscrite dans une technique mythifiée, pour célébrer toute innovation réticulaire comme une fête qui annoncerait un "nouveau monde". »[85]

La techno-utopie réticulaire est l'un des plus célèbres mythes modernes : elle annonce d'un ton prophétique une révolution socio-économique, grâce à l'apparition d'innovations techniques dans le secteur des communications et du traitement de l'information, de l'électricité jusqu'à Internet et le World Wide Web. La techno-utopie réticulaire joue sur le thème du nouveau rapport entre corps et technique, mettant en relation le cerveau et le réseau : ainsi, dans le discours techno-utopique, le fonctionnement du système nerveux humain, dont le cerveau est l'organe principal, est au centre de la représentation symbolique du réseau technique, devenant en quelque sorte le point culminant d'un parcours culturel défini par l'automatisation de la raison. En effet, si le recours à la métaphore corporelle paraît une fois de plus cohérent avec la fonction sociale de "naturalisation" de la diffusion des grands réseaux techniques dans la vie quotidienne, une conscience différente des opportunités offertes par un réseau global de communication commence à émerger entre le XIXe et le XXe siècle. Tout comme la métaphore corporelle (le système nerveux) joue à terme le rôle de *continuum* technologique lors des innovations successives – du télégraphe au World Wide Web – elle

[85] Musso P., *op. cit.*, p. 146.

projette aussi l'image d'une connexion planétaire tentaculaire, modifiant les catégories de l'espace-temps :

> « De nos jours, après plus d'un siècle d'utilisation technologique de l'électricité, nous avons étendu notre propre système nerveux central en une étreinte globale qui, du moins en ce qui concerne notre planète, abolit aussi bien le temps et l'espace. »[86]

Se forme ainsi l'idée d'un "cerveau global", résultat d'une diffusion du réseau électrique à échelle planétaire : tout en étant encore au stade d'archétype, la figure du "cerveau global" se dessine de manière plus définie avec la consolidation de la recherche sur les intelligences artificielles. La combinaison entre réseau de communication et système nerveux s'effectue au cours de la première cybernétique, dans laquelle le cerveau est assimilé à un calculateur capable de résoudre un nombre très élevé d'opérations élémentaires ; parallèlement, le calculateur lui-même est associé à l'idée d'un cerveau artificiel.

Il n'est pas question ici d'analyser les différentes positions existantes au sein de la recherche sur l'intelligence artificielle. Il suffit néanmoins de citer rapidement l'approche nettement informatique de Turing et Von Neumann, en ce qui concerne l'analogie fonctionnelle entre l'infrastructure matérielle du calculateur et la pensée humaine, basée sur l'hypothèse que les réseaux de neurones opèrent selon la même logique binaire des machines informatiques. Au contraire, la version cybernétique de Wiener tend plutôt à reconnaître l'importance d'une structure commune entre le cerveau et la machine, susceptible de générer de l'intelligence, justifiant ainsi la tentative de construire des "animaux intelligents" : si l'on suit la conception de Wiener, il est fondamental que le vivant, qu'il soit humain ou artificiel, se trouve inclus à l'intérieur d'un réseau de flux de

[86] McLuhan M., 2015, p. 9.

communication, pour qu'il puisse réagir correctement aux stimuli du monde externe.

En tant que point de synthèse des diverses approches sur le thème central du rapport entre le cerveau et la machine, le *cyberespace* représente sans doute la techno-utopie la plus puissante au niveau du potentiel symbolique exprimé : en s'élevant un réseau universel capable d'interconnecter les cerveaux individuels du monde entier, le cyberespace se confond facilement avec la figure du cerveau global. Si l'on se focalise sur les origines du concept, il est intéressant de rappeler les contributions théoriques de Joseph Licklider, psycho-sociologue collaborant avec le MIT, qui récupère, au début des années 1960, les travaux de cybernétique et d'informatique de Von Neumann, pour élaborer une vision tout à fait innovatrice sur le thème du cerveau et de la machine : en cherchant les modalités de connexion "physique" entre cerveau et calculateur, Licklider pose le réseau du cyberespace comme interface nécessaire à la communication entre ces deux entités. Sa vision aspire évidemment à réaliser un état symbiotique entre l'homme et la machine, afin de favoriser l'émergence d'une "totalité intelligente" sans limites de temps ni d'espace.

On a justement remarqué, par rapport au respect du processus de formation et consolidation du concept de réseau au sein de la culture occidentale, que le cyberespace semble être une étape charnière : en acceptant le dépassement définitif de toute distinction entre cerveau et machine, l'un étant un réseau de neurones et l'autre un réseau de circuits électriques, et en identifiant en Internet, réseau de tous les réseaux, l'infrastructure de base pour la circulation des informations, il semble tout à fait cohérent d'imaginer, voire de projeter, la construction d'une nouvelle dimension spatiale pouvant accueillir l'intelligence collective émergente[87].

[87] Lévy P., *L'intelligence collective : pour une anthropologie du cyberspace*, Paris : La Découverte, 1994 et id. *Cyberculture. Rapport*

Afin d'obtenir une vision d'ensemble plus ample quant à la portée du cyberespace, il est utile de se référer à la définition donnée par un de ses premiers théoriciens, Michael Benedikt :

> « Le cyberespace est une réalité globalement connectée, soutenue par des ordinateurs, ouverte aux ordinateurs et générée par des ordinateurs, multidimensionnelle, artificielle ou "virtuelle". Dans cette réalité où chaque ordinateur est une fenêtre, les objets vus ou entendus ne sont ni physiques, ni, nécessairement, représentations d'objets physiques, mais plutôt, pour ce qui est de leur forme, de leur caractère ou de leur action, des objets constitués de données, d'information pure. Cette information provient en partie d'opérations effectuées dans le monde physique, naturel, mais dans la majeure partie des cas, elle est générée par l'immense trafic des informations qui constituent la production de l'entreprise humaine, dans le domaine de la science, de l'art, des affaires et de la culture. »[88]

En tant qu'espace essentiellement d'information, il tend à une diffusion générale, soit au dépassement des limites caractéristiques du monde physique : en un certain sens, le cyberespace se comporte comme un solvant envers tout ce qui serait susceptible de s'y opposer, qu'il s'agisse de l'État, du territoire ou de corps physiques. Le caractère liquide est d'autant plus important si l'on considère que l'esprit, plus que le corps, est impliqué dans l'expérience directe du cyberespace. L'effet de "fluidification généralisée"[89] induit par le cyberespace sur les catégories modernes du domaine politique, notamment l'État, semble placer cette techno-utopie dans le plus ample courant de

---

au Conseil de l'Europe dans le cadre du projet "Nouvelles technologie: coopération culturelle et communication", Paris : Odile Jacob, 1997.

[88] Benedikt M., "Cyberspace: Some proposals", in M. Benedikt (ed.), *Cyberspace: First steps*, Cambridge Mass : The MIT Press, 1991, pp. 122-123.

[89] Musso P., *op. cit.*, p. 214.

pensée postmoderniste [90], et rappelle aussi la vision proudhonienne du réseau "libertaire". Derrick de Kerckhove, autre théoricien du cyberespace, exalte la possibilité, offerte par l'émergence d'Internet, de connecter les intelligences individuelles, faisant ainsi naître une conscience vivante à échelle globale[91]. Il ne nous échappe pas que, derrière l'insistance sur la nature liquide du cyberespace, se cache une tentative de détacher la figure du réseau de toute base matérielle (par exemple, les ordinateurs ou les batteries du serveur), et d'exclure toute dimension conflictuelle existante dans la trame sociale contemporaine.

---

[90] Lyotard J.F., *La condition postmoderne : rapport sur le savoir*, Paris : Les Éditions de Minuit, 1979.

[91] Kerkhove D. de, *L'architettura dell'intelligenza*, Torino : Testo&Immagine, 2001.

3. Mutations épistémologiques

3.1. L'infosphère

Une large partie de la littérature consacrée au cyberespace représente la condition de l'agent humain pris dans le réseau à travers l'image de l'immersion. En résonance avec le thème de la liquidité (central dans la critique de Bauman sur la modernité)[92], le principe de l'individu immergé est intimement lié à celui d'un réseau considéré comme un flux d'informations sans cesse en mouvement :

> « [...] le passage est constamment vécu comme une immersion dans une société fluide, en perpétuel mouvement. Le "réseau-flux" est l'expérience du présent vécue comme mouvement, immersion dans l'"être parmi". »[93]

De nos jours, l'expérience d'immersion, communément vécue au quotidien, se constate dans la myriade de textos, tweets, statuts Facebook, emails, vidéos et sons entrants et sortants par nos dispositifs électroniques de connexion au réseau : ils finissent par déterminer notre "être parmi" comme un écosystème composé par une masse de *bits*[94] en perpétuelle circulation. Il semble légitime, alors, de se

---

[92] Bauman Z., *Liquid Modernity,* Cambridge : Polity Press, 2000.

[93] Musso P., *op. cit.*, p. 228.

[94] Afin de donner une définition correcte de *bit* on choisit d'avoir recours à la lecture donnée par le documentaliste italien Riccardo Ridi : "Un bit est une entité qui peut avoir deux (et seulement deux) états : 0 et 1, soit oui et non, blanc et noir, allumé et éteint" ; voir Ridi R., *Il mondo dei documenti*, Roma-Bari : Editori Laterza, 2010, p. 4.

référer à un tel environnement avec le néologisme "infosphère", dans le but explicite d'insister sur le rôle joué par les déterminations techniques spécifiques, telles que le mobile, la tablette, l'ordinateur portable et fixe, l'objet connecté en général, dans l'hybridation du cyberespace avec le monde physique, en le rendant moins virtuel[95].

Comme il a déjà été noté, l'infosphère désigne "la globalité de l'espace des informations"[96], ayant tendance donc à inclure autant le cyberespace (Internet, réalité virtuelle, etc.) que les *mass media* traditionnels (bibliothèques, archives, périodiques, etc.) : elle consiste, en somme, en un espace sémantique, dans lequel se retrouve la totalité des documents, des agents et de leurs interactions. Une telle vision rend l'infosphère capable de se référer à des parties de la réalité, qui étaient autrefois exclues de la possibilité à être traduites en termes informationnels.

L'*Internet des objets* est un phénomène exemplaire de la transformation en cours, et de son importance, dans le rapport entre un monde physique et un monde virtuel : dès lors qu'il devient possible de connecter au réseau des objets d'usage quotidien (réveil, pots de fleurs, chaussures de sport, flacons médicaux, etc.), afin qu'ils puissent trans-

---

[95] L'appellation *Phygital* est entrée récemment dans les usages, pour définir l'ensemble des expériences vécues en puissance ou *de facto*, à l'intérieur d'environnements physiques et analogiques qui interagissent avec la dimension digitale : en guise d'exemple on peut évoquer le dispositif des *Google glasses*, avec lesquelles il devient possible d'accéder à des informations et services disponibles sur le Web juste en observant des objets physiques.

[96] Fontana G., *In viaggio con il padre dell'infosfera. Intervista a Luciano Floridi*, Milano, Italia, "Il Sole 24ore", 2010. Disponible à l'adresse :
http://www.ilsole24ore.com/art/tecnologie/2010-05-21/viaggio-padre-infosfera-075500.shtml (consulté le 27/11/2018).

mettre des données sur le milieu qui les entoure et ensuite répondre de manière intelligente aux besoins exprimés, l'expérience du temps et de l'espace liés à la réalité physique tend à se modifier.

Au vu de ces prémisses, on peut raisonnablement affirmer que l'*ubiquité* est une première propriété fondamentale de l'infosphère : cela n'est pas surprenant, puisqu'en se référant à l'espace des médias électroniques, c'est le réseau entier qui est implicitement pris en considération. Ce dernier entretient avec la spatialité une relation ontologique, étant donné qu'il s'agit à l'origine d'une "structure physique qui connecte des entités distinctes, qu'elles soient nœuds conceptuels, lieux physiques, postes de travail"[97]. Pourtant, même sous ce point de vue, l'expérience spatiale reste conditionnée par les modalités d'emploi des dispositifs médiaux : même connecté au réseau, l'ordinateur demeure, par sa constitution même, lié à une dimension fixe, suscitant ainsi une friction entre, d'une part, l'absence de limites donnée par le réseau, et, d'autre part, l'immobilité du lieu, souvent domestique. Les médias mobiles, notamment les téléphones portables, ont dépassé cette configuration, restituant au rapport espace-réseau une dimension d'"absolue" liberté de mouvement :

> « [...] L'ubiquité des points d'accès reflète la fluidité même du réseau. »[98]

Grâce aux dispositifs mobiles, l'infosphère devient définitivement omniprésente, parce que le réseau nivelle la hiérarchie des lieux d'accès, en assignant à tous les mêmes statuts physiques de pôle d'accès aux informations disponibles. Il s'agit d'une évolution de l'espace médial, déjà

---

[97] Bettetini G., Garassini S., Gasparini B., Vittadini N., *I nuovi strumenti del comunicare*, Milano : Bompiani, 2003, p. 196.
[98] *Ibid.*, p. 198.

amorcée avec la diffusion des dispositifs analogiques (walkman, enceintes hi-fi dans les voitures) et accélérée par l'arrivée du réseau numérique, ce qui a exacerbé certaines critiques soulevées par quelques observateurs perspicaces : cette omniprésence comporte, en effet, un affaiblissement de la frontière entre espace privé et public. Cette polarisation est entrée en crise, face à la mise en avant de la fluidité et de la mobilité, soit des particularités dominantes de l'infosphère ; cela ne va pas sans révéler certains côtés obscurs liés à l'omniprésence : en citant le sociologue Meyrowitz, en effet, "si l'on est partout, on n'est nulle part en particulier"[99].

> « De plus, la condition d'"être partout" présente un autre aspect potentiellement problématique, si l'on rapproche l'infosphère à la métaphore de la *Bibliothèque* telle que l'a décrite Borges : tout comme dans l'image du livre-labyrinthe, il existe une infinité de tournants (avec autant d'options possibles, donnant ainsi naissance à un réseau croissant de sentiers qui se croisent ou ne se croisent pas, pour les siècles des siècles), l'infosphère semble caractérisée par la présence simultanée de possibilités multiples. Les technologies de la communication digitale ont d'ores et déjà modifié les conceptions de distance et de proximité, et continuent toujours à le faire, selon cette tendance historique précédemment illustrée par McLuhan avec la figure du "village global". Il y aurait alors un impact très important sur la connaissance humaine, qui, en tant que partie intégrante de l'infosphère, aurait tendance à se "globaliser" en adoptant une configuration selon laquelle il ne serait plus possible faire abstraction du fin réseau d'anecdotes et de savoirs locaux :
>
> Il s'agit plutôt d'"ailleurs", soit de quelque chose qui doit être placé dans des mondes parfois convergents, parfois parallèles au nôtre, mais qui ne peut nullement être assimilé à nos conceptions dominantes, ni à nos styles de pensée, ni à nos traditions. »[100]

---

[99] Meyrowitz J., *No sense of Place: the Impact of Electronic Media on Social Behavior*, Oxford : Oxford University Press, 1985.

[100] Tagliagambe S., *Epistemologia del ciberspazio*, Cagliari : Demos Editrice, 1997, p. 23.

En d'autres termes, en réalisant l'interconnexion de régions et de lieux géographiquement et anthropologiquement différents, l'infosphère produirait un phénomène d'universalisation (plutôt que d'homogénéisation) de l'espace culturel, plaçant la dimension d'omniprésence en situation dialectique par rapport à cet "ailleurs". Nous ne pouvons pas ne pas constater, en effet, que le World Wide Web, un épiphénomène de l'infosphère, se présente comme un *méta-lieu*, où coexisteraient des entités sociales et des formes de vie culturelles de statut différent, souvent hyperlocales.

Une deuxième propriété essentielle de l'infosphère se trouve dans l'hybridation entre les médias, traditionnels et nouveaux : en modifiant le contexte de production et d'utilisation de l'information, les innovations technologiques provoquent des processus d'adaptation qui affectent l'ensemble de l'offerte médiale. Ainsi, il est possible de remarquer :

> « [...] Les nouveaux médias émergent progressivement de la métamorphose des moyens de communication précédents. Lorsque de nouvelles formes médiales émergent, les précédentes tendent à s'adapter et à continuer à évoluer, plutôt que péricliter. »[101]

Cette lecture a le mérite de constater une logique évolutive des changements, même radicaux, dans le panorama des médias ; en outre, et il est bien nécessaire de le souligner, on évite ainsi de céder à la tentation de justifier par le phénomène de convergence le passage à un seul médium universel. Il faut en effet rappeler que l'histoire des médias présente à la fois des cas de différentiation (par exemple, dans la période allant de la première révolution industrielle jusqu'aux années 1930), et à la fois des cas de convergence[102]. Si l'on analyse le cas des *smartphones*,

[101] Fidler R., *Mediamorphosis. Understanding New* Media, Thousand Oaks : Pine Forges Press, 1997.
[102] Ortoleva P., *Mediastoria*, Parma : Pratiche, 1995, p. 27.

soit des téléphones intelligents, on constate que ceux-ci constituent le résultat d'un acte planifié d'hybridation entre fonctions et codes, qui transforme le téléphone portable, à l'origine voué à mettre en communication orale ou écrite deux ou plusieurs interlocuteurs, en un véritable assistant personnel au quotidien, jusqu'à devenir un vecteur de socialisation et de consommation de contenus multimédia (par exemple, les fonctions *to do list* ou les applications de réseaux sociaux et télé, comme Facebook, Twitter et Youtube) :

> « Le portable peut ainsi devenir un instrument qui visualise et véhicule des images, à l'instar de la télévision et de l'ordinateur, en mettant toutefois l'accent sur sa légèreté et portabilité, qui en font un candidat idéal en tant que dispositif de la convergence. »[103]

Cette interprétation du phénomène de convergence risque toutefois de négliger une problématique essentiellement ontologique qui caractérise l'infosphère digitale. Comme il a déjà été dit, la technologie digitale de l'information est l'un des résultats du processus historique et culturel de l'*automatisation de la raison :* sa spécificité propre consiste donc dans l'unicité du code utilisé et dans l'adoption de règles logiques et formelles. Il en résulte alors que, derrière le processus de conversion d'une entité analogique en une séquence de *bits* (dont le cyberespace est au fond constitué), se cache un processus de restructuration de la communication, selon un code et une syntaxe communs :

> « La "convergence vers le numérique" réalise [...] une intégration très étroite et inédite entre les codes et les langages que nous avions l'habitude de considérer comme hétérogènes et distants : des informations de nature différente sont "transcrites" à travers le

[103] Bettetini G., Garassini S., Gasparini B., Vittadini N., *op. cit.*, p. 129.

même langage de base (celui des *bits*) et gérées à travers le même instrument de base (l'ordinateur). »[104]

Au sein de l'infosphère, chaque entité est réduite à une pure séquence de *bits*, qui se compose en partie de chaînes contenant l'information et en partie de métadonnées, soit des informations concernant les propriétés de l'entité à laquelle les données se rapportent (par exemple, le format, le type, la date de création, etc.). Cette sorte de *reductio ad unum* consent à l'infosphère d'attirer en son sein quelconque entité, intégrant ainsi une pluralité de forme d'expression :

> « Ce qui caractérise le nouveau système de communication, fondé sur l'intégration digitalisée et interconnectée de multiples modes de communication, c'est l'inclusion de toutes les expressions culturelles [...] C'est justement grâce à sa diversification, à sa multimédialité et à sa versatilité que le nouveau système de communication est en mesure d'englober et d'intégrer toutes les formes d'expression, sans oublier la diversité d'intérêts, de valeurs et d'imaginaires, y compris l'expression des conflits sociaux. Mais le prix à payer pour être introduit dans le système consiste à s'adapter à sa logique, à son langage, à ses points d'accès, à sa codification et décodification. »[105]

Il y a donc un "prix à payer", pour reprendre l'expression de Castells, au moment où, immergés dans l'infosphère, nous essayons d'en organiser l'espace, afin de l'adapter à nos capacités cognitives : il s'agirait d'un sentiment d'inadaptation, éprouvé par la raison de l'homme, face au choc entre ses propres règles et l'ordre digital. Comme il a bien été observé, ce décalage entre les capacités cognitives humaines et les "aspirations à l'omniprésence dématérialisée de l'homme et à la plénitude absolue du savoir"[106] ne pourrait en aucun cas être

---

[104] Tagliagambe S., *Il sogno di Dostoevskij. Come la mente emerge dal cervello*, Milano : Cortina Raffaello, 2002, p. 82.
[105] Castells M., *op. cit.*, pp. 432-433.
[106] Giannoli G. I., *op. cit.*, p. 197.

réduit au rêve de la bibliothèque universelle, mais en prouverait, en outre, le caractère irréalisable.

Ceci dit, il faut encore comprendre quelles conséquences pourrait générer l'impact de l'infosphère sur les règles d'organisation du savoir ; si l'on se remémore les propriétés des *bits*, composantes fondamentales du cyberespace, soit l'ubiquité, la légèreté et la flexibilité, on comprend clairement la différence ontologique entre espace physique et virtuel, et surtout, l'hypothèse d'un changement de type épistémologique touchant les catégories traditionnelles de la connaissance devient acceptable :

> « Les limites physiques qui déterminent implicitement l'organisation d'un magasin d'articles de bureautique influencent également la manière dont nous gérons nos entreprises, nos gouvernements, nos écoles. Elles ont conditionné, voire circonscrit, les modalités mêmes de classification de la connaissance humaine. [...] Supposons d'être en mesure, à présent, pour la première fois dans l'histoire, de structurer des concepts sans les limitations implicites du monde physique. Comment nos idées, nos organisations, nos connaissances mêmes changeraient-elles ? »[107]

Pour tenter de donner un premier élément de réponse, nous pouvons partir de la théorie des trois ordres, esquissée par le philosophe américain contemporain David Weinberger : l'ordre de premier degré correspond à l'ensemble des pratiques et des opérations réalisées par l'agent humain pour organiser les choses dans le monde physique. Disposer des livres sur les étagères d'une bibliothèque, classer les photographies dans l'album de famille, ou encore, "ranger" les couverts dans le tiroir sont des actions plus ou moins quotidiennes, appartenant au domaine de la *classification d'entités physiques*. Cependant, malgré leur apparente facilité de gestion, ces actes de rangement, une fois confrontés avec une masse importante d'objets, se révèlent extrêmement épuisants, autant au niveau opératif

[107] Weinberger D., *op. cit.*, pp. 14-15.

que mental. Entre alors en jeu l'ordre de deuxième degré, qui comprend les opérations de *classification d'informations sur les choses* (soit les métadonnées) : l'exemple le plus significatif, donné par Weinberger, est le catalogue de l'archive photographique Bettmann, considéré parmi les plus éminentes collections de photographies historiques des États-Unis. Si l'archive (qui compte environ 11 millions de photographies et de négatifs, conservés dans une caverne calcaire à 70 m de profondeur) peut être vue comme la concrétisation d'un ordre de premier degré, le catalogue en papier qui recense, par ordre alphabétique pour chaque sujet, chaque objet conservé, correspond à l'ordre de deuxième degré. Bien que sa fonction soit précisément celle de permettre un efficace recouvrement des informations, l'ordre de deuxième degré se heurte à des limites infranchissables : plus les objets recensés sont nombreux, plus la masse des informations transcrites sur des supports physiques (dans le cas cité, un catalogue papier) est volumineuse. Cela signifie non seulement des coûts d'entretien grandissant proportionnellement au volume du catalogue, mais aussi un temps de consultation et d'accès aux photographies de plusieurs jours. Comme si cela ne suffisait pas, voici une autre limite, quant à la "qualité" des informations qui décrivent l'objet (métadonnées sémantiques) : puisqu'une partie seulement des informations est transcrite aux dépens des autres, la probabilité de récupérer la photographie reprenant, par exemple, un soldat du Massachusetts en train de manger, fusil à ses côtés, dans un certain campement pendant la Guerre Civile, sera extrêmement faible. Malgré son ironie, l'affirmation de Weinberger à ce sujet se révèle d'une tragique vérité :

« […] Une archive de premier et de deuxième degré comme celle de Bettmann est littéralement incapable de connaître avec exactitude ce qu'elle possède. »[108]

Les limites citées ci-dessus sont de nature ontologique, puisqu'elles sont une conséquence de la matière même dont sont composés les deux premiers ordres, soit d'*atomes*. Les contraintes qui s'imposent lors de l'utilisation par des êtres humains dérivent essentiellement de l'instabilité dans le temps (la décomposition de la matière) et de l'occupation de l'espace par les atomes (le rangement des photographies dans un seul et unique espace).

L'arrivée du cyberespace, et par conséquent des *bits*, marque le dépassement de ces limites, et donc, selon Weinberger, l'émergence d'un ordre de troisième degré : dans celui-ci, l'étiquette qui décrit l'objet auquel elle se réfère, ne doit pas être nécessairement plus petite ; le fichier en ligne peut contenir n'importe quelle donnée informative que l'on souhaiterait ajouter pour un objet (il suffit de penser aux recensions et aux évaluations des clients publiées sur le site *Amazon.com*, un des plus grands catalogues de marchandises ayant jamais existé dans l'histoire de l'humanité). En d'autres termes, le nouvel ordre digital bouleverse la règle fondamentale de l'*aut-aut*, à la base de la catégorisation de la connaissance dans le monde physique :

« Le livre sur la musique militaire est disposé soit entre les livres sur l'armée, soit entre ceux sur la musique, mais ne peut pas aller avec les deux ensembles. La carte du savoir, dans une bibliothèque, ne peut prendre qu'une seule forme. Il ne s'agit pas d'une loi de la connaissance. C'est une loi de la géographie physique. »[109]

---

[108] *Ibid.*, p. 31.
[109] *Ibid.*, p. 85.

Face à l'archive photographique Bettmann, Weinberger offre un contre-exemple, représenté par la Corbis, une banque de données d'images digitales (actuellement composée de plus de 4 millions d'unités). D'abord, les images sont classées à l'aide d'un plus grand nombre d'informations descriptives, ce qui rend la ressource (la photo digitale) plus rapidement identifiable par le moteur de recherche de la Corbis. En outre, aucune limite d'organisation n'entrave l'expansion de l'archive digitale. Tandis que l'archive physique Bettmann doit veiller à ne pas décupler les informations décrivant les objets, pour ne pas surcharger le catalogue, l'archive digitale Corbis peut opter pour une approche "tentaculaire et excentrique"[110] à l'information. Enfin, une différence cruciale dans la gestion de l'information et dans le contrôle de la connaissance sépare les ordres de premier et deuxième degré du troisième degré. Le modèle social d'organisation de l'archive Bettmann est "élitaire", parce qu'il assigne à un cercle restreint d'experts deux fonctions fondamentales : la simplification des informations en entrée, à travers des filtres techniques (par exemple, l'application d'une classification des photographies par sujet) et le droit à la consultation. Au contraire, dans la banque de données digitale Corbis, l'accès aux informations n'est pas exclusif et leur classification, comme on l'a dit, a été projetée de manière à favoriser la libre consultation (et l'achat) par quiconque[111].

Ce que l'on appelle confusion ou "désordre", en ce qui concerne l'impact provoqué par l'arrivée de l'infosphère

---

[110] *Ibid.*, p. 34.

[111] Un exemple aussi important est représenté par les bases de données médicales ou plus généralement scientifiques, historiquement accessibles qu'aux experts et maintenant disponibles pour consultation pour tout le monde. Il est toutefois nécessaire de bien distinguer l'accès à l'information de son interprétation et compréhension, étant deux aspects de la question tout à fait différents et problématiques.

digitale, correspond au bouleversement radical des règles qui régissaient auparavant le monde physique et ses régions, soit la société, la politique, l'économie et la culture, secouant ainsi à la fois le terrain épistémologique et social :

> « Non seulement nous trouverons plus rapidement ce que nous cherchons, mais les autorités traditionnelles ne pourront plus exiger que l'on s'adresse d'abord à elles. L'ordre chaotique ne transforme pas seulement les entreprises : notre manière de penser l'organisation du monde lui-même est en train de changer, et, surtout, qui dispose de l'autorité pour nous le dire ? »[112]

Malgré le ton un peu trop teinté d'optimisme, l'affirmation de Weinberger met en évidence deux points importants, dont nous reconnaissons la justesse : il y a une modification de l'expérience de la pensée, qui n'est qu'en partie un acte philosophique et qui dépend du médium qui le transmet ; ensuite, l'organisation sociale, qui s'était structurée pendant des siècles autour du paradigme "typographique", est à présent en cours de redéfinition, notamment pour ce qui est des mécanismes de création et de diffusion de la connaissance.

3.2. L'hypertexte

L'hypothèse sur laquelle il faut toujours se fonder, lorsqu'il s'agit de discuter des moyens d'organisation et de transmission des informations, c'est que la pensée ne peut être transmise sans le médium adéquat. Le problème qui se pose d'emblée concerne la manière dont la *technè* agit rétrospectivement sur le *logos*, c'est-à-dire comment les technologies digitales de la communication interagissent avec l'acte de penser. En termes plus explicites, la question à se poser est : comment peut-on, voire comment faut-

---

[112] Weinberger D., *op. cit.*, p. 36.

il, *élaborer* la pensée, à travers les nouveaux dispositifs de l'infosphère digitale ?

À partir de la définition de l'infosphère en tant que "globalité de l'espace des informations", incluant à la fois le cyberespace et les *mass media* traditionnels, il n'est pas évident de comprendre comment le milieu digital d'informations puisse altérer notre manière de percevoir et de penser le réel. En d'autres termes, la critique pourrait s'appuyer sur l'immatérialité de l'espace digital pour en diminuer les capacités de conditionnement effectif sur l'activité cognitive de l'homme. La définition même que Benedikt donne du cyberespace parle explicitement d'entités qui ne sont ni physiques, ni représentations d'objets physiques, mais informations pures, soit une séquence binaire de zéros et d'uns : avec un tel niveau d'abstraction, comment l'infosphère digitale pourrait-elle avoir une quelconque influence sur notre manière de penser ? Un premier élément de réponse peut se trouver dans l'argumentation donnée par l'épistémologue italien Giovanni I. Giannoli :

> « La possibilité de percevoir et de reconnaître (par le biais de l'intuition sensible) ce qui compose une pure "virtualité" repose sur le fait que chaque objet constitué de "pure information" est *implémenté* sur une interface de nature physique, qui peut interagir avec notre sensibilité. »[113]

En reprenant la théorie des trois mondes de Popper[114], Giannoli affirme que ce ne sont pas les idées, immaté-

---

[113] Giannoli G. I., *op. cit.*, p. 200.

[114] Développé par Karl Popper à la fin des années 1960 au XXe siècle, la théorie apparaît formulée pour la première fois dans l'article "On the Theory of Objective Mind", dans *XIV Akten des Internationalen Kongresses für Philosophie*, 1, Herder, Wien 1968. Pour Popper il existerait trois niveaux de réalité : le "Monde 1", auquel appartiennent les choses physiques, le "Monde 2", qui est propre à l'expérience subjective et enfin, le "Monde 3", ce spécifique aux propositions, à savoir les contenus de la pensée.

rielles en soi, qui modifient directement les objets physiques, mais plutôt leur concrétisation, soit leur transformation par l'homme en applications matérielles : seules les "*instances physiques* des informations scientifiques et des processus mentaux"[115] pourraient réaliser une certaine action sur le monde physique.

Serait-il possible, au contraire, que ces instances physiques puissent agir sur l'esprit humain ? La littérature concernant l'impact de la technologie sur la culture, l'esprit et les comportements humains est sans doute vaste ; elle est toutefois fragmentée, en l'absence d'un paradigme commun qui puisse conférer une orientation générale à la recherche. Giannoli distingue au moins six domaines de recherche[116], qui, dans leur ensemble, représentent la tentative théorique et expérimentale de saisir une instantanée de l'influence directe de la technique sur l'être humain.

En harmonie avec les considérations formulées par Giannoli, nous estimons ici que les études liées à l'ergonomie cognitive, à l'interaction entre l'homme et la machine et au design d'interfaces soient les plus prometteuses. La prémisse commune de ces domaines de recherche, en effet, est de ne pas céder aux préjudices anthropocentriques : sans oublier le besoin primordial de

---

[115] Giannoli G. I., *op. cit.*, p. 201.

[116] Giannoli cite les parcours de recherche suivants : 1) les études sur l'impact différentiel des nouvelles technologies par rapport aux catégories d'appartenance du sujet (zone géographique, âge, sexe, niveau scolaire, etc.) ; 2) les recherches sur les pathologies induites par l'usage professionnel ou dans le temps libre ; 3) les enquêtes sur l'éducation ou la réhabilitation assistée par des outils informatiques ; 4) les études sur l'impact culturel, social et psycho-anthropologique (selon une perspective mcluhanienne) ; 5) les recherches ergonomiques au niveau de l'interface utilisateur ; 6) les recherche sur les mutations d'ordre biologique chez l'homme. Dans un souci de complétude, on renvoie à l'œuvre citée, pp. 202-204.

l'agent humain d'utiliser efficacement la technologie, ces études n'hésitent pas à mettre en lumière des "contre-évidences" qui montrent comment l'utilisateur peut être induit à modifier ses propres habitudes d'interaction pour obtenir un meilleur résultat (par exemple, lors du processus d'achat sur une plateforme commerciale numérique ou dans la compilation d'un formulaire en ligne)[117].

Toujours au sein de ce domaine de recherche, enclin à s'interroger sur les changements potentiels de la structure biologique humaine induits par les nouvelles technologies, la littérature scientifique, surtout médicale, témoigne de ce phénomène, avec le développement de nouvelles perspectives sur les capacités régénératives des tissus et des organes humains, grâce aux récentes découvertes de la génétique. Ce savoir accumulé permet en outre l'élaboration de différentes visions sur l'altération du corps humain, suscitant depuis longtemps une réflexion sur le "post-humain", comme, par exemple, dans la littérature philosophique et de science-fiction, où se prospecte une substitution du cerveau avec une mémoire physique externe.

Pour étayer notre discours, nous pouvons par ailleurs citer le débat entre *techno-déterministes* et *instrumentalistes*, en insistant sur les possibles effets rétroactifs provoqués par les nouveaux médias, notamment Internet, sur notre système nerveux : en suivant la théorie

[117] Il est possible de signaler à titre d'exemple : a) les articles très éclairants sur l'état de l'art de la recherche sur le sujet de l'expérience d'usage des médias digitaux, publiés par l'observatoire Nielsen Norman Group, http://www.nngroup.com/articles/ ; b) l'étude sur les manières de compiler les formulaires en ligne par les internautes, http://www.sketchin.ch/it/blog/design/uno-studio-sulla-compilazione-delle-form.html ; c) la bien connue revue de recherche dédiée au thème des interfaces, disponible sur le site du Media Lab au sein du Massachussets Institute of Technology, http://media.mit.edu/research (dernier accès 27/08/2017).

de la neuroplasticité du cerveau humain, Nicholas Carr, auteur du célèbre essai intitulé *Internet rend-il bête ?*[118], associe sans hésiter l'utilisation quotidienne d'Internet à l'émergence de différents problèmes, mêmes pathologiques, concernant le transfert des informations de la mémoire brève à la mémoire à long terme ; en particulier, ces effets limiteraient des possibilités d'apprentissage que le réseau devrait au contraire contribuer à développer :

> « En combinant des informations de nature très différente sur un seul écran, le réseau multimédia fragmente le contenu et brise la concentration. Une seule page Web peut contenir du texte, des éléments audio et vidéo, un ensemble d'instruments de navigation, des publicités variées et des petits logiciels d'interface ou "*widgets*" qui continuent de tourner dans leurs fenêtres spécifiques. Nous savons tous combien cette cacophonie de stimuli puisse interférer avec notre attention. »[119]

Les thèses opposées ne manquent pas non plus, comme celle formulée par le psychologue Steven Pinker, pour qui les technologies de l'information mettent à disposition d'innombrables instruments pour la gestion, la recherche et la récupération de la masse d'informations, nous rendant ainsi beaucoup plus intelligents que ce que l'on pourrait imaginer :

> « Knowledge is increasing exponentially; human brainpower and waking hours are not. Fortunately, the Internet and information technologies are helping us manage, search and retrieve our collective intellectual output at different scales, from Twitter and previews to e-books and online encyclopedias. Far from making us stupid, these technologies are the only things that will keep us smart. »[120]

---

[118] Carr N., *Internet rend-il bête ?*, Paris : Robert Laffont, 2011.
[119] Ivi, p. 115.
[120] Pinker S., "Mind Over Mass Media", in *The New York Times*, New York City, NY, U.S., 10 juin 2010. Disponible à l'adresse : http://www.nytimes.com/2010/06/11/opinion/11Pinker.html (consulté le 27/11/2018).

La masse des évidences scientifiques vouées à la démonstration de l'action rétroactive de la technologie sur la psyché humaine est certes en voie de consolidation, mais elle reconnaît unanimement l'existence d'un impact sur les processus mentaux, et sur la culture en général, généré par tout ce que l'on peut appeler "prothèse cognitive" (cette expression désigne tout artéfact permettant d'amplifier les fonctions mentales propres à l'homme).

Si la technologie tend à se poser comme l'expression de la volonté humaine dans sa tentative de contrôler la nature, elle exerce aussi un *feedback* sur cette volonté dont elle est issue : Lewis Mumford avait déjà exprimé une telle intuition, quant à l'effet d'extériorisation du temps[121] induit par la diffusion des montres (puisqu'elles transforment la perception du temps en un ensemble de séquences décomposables et mathématiquement quantifiables).

Une fois de plus, nous souhaitons rappeler ici notre intention d'inclure ce discours au sein d'une production littéraire bien précise, dont les représentants les plus remarquables sont Marx[122], Levy[123], Maldonado[124], McLuhan[125] et De Kerkhove[126]. Malgré l'hétérogénéité de ces opinions en général, tous ces auteurs insistent, chacun à leur manière, sur l'influence exercée par les nouvelles

[121] Mumford L., *Technique et civilisation*, Marseille : Parenthèses Éditions, 2015.

[122] Marx K., *Misère de la philosophie*, Paris : Payot 2002. Célèbre la phrase de Marx "Le moulin à bras vous donnera la société avec le suzerain ; le moulin à vapeur, la société avec le capitalisme industriel".

[123] Lévy P., *L'intelligence collective. Pour une anthropologie du cyberspace*, Paris : La Découverte, 1994.

[124] Maldonado T., *Critica della ragione informatica*, Milano : Feltrinelli, 1997, p. 142.

[125] McLuhan H. M., *op. cit.*

[126] De Kerkhove D., *Brainframes. Technology, mind and business*, Utrecht: Bosch & Keuning, 1991.

technologies, y compris les médias, sur l'esprit et la société humaine dans son ensemble.

En 1964, McLuhan observe à ce propos :

> « Dans cette ère de l'électricité, nous nous voyons de plus en plus traduits sous forme d'information et nous évoluons vers une extension technologique de la conscience [...] En intégrant via les médias électroniques nos corps physiques dans nos systèmes nerveux étendus, nous établissons une dynamique selon laquelle toutes les technologies précédentes, qui sont seulement une extension des mains, des pieds, des dents et des contrôles thermiques du corps, toutes ces extensions, y compris les villes, seront traduits en systèmes d'informations. La technologie électromagnétique exige de l'homme une docilité profonde et la tranquillité de la méditation, comme il est naturel pour un organisme dont le cerveau est désormais hors du crâne et les nerfs hors de la peau. L'homme doit servir sa technologie électrique avec la même fidélité de serviteur-mécanisme avec laquelle il servait son radeau de bois, son canoé, sa typographie et toutes les autres extensions de ses organes physiques.[127]

En se focalisant en particulier sur l'idée d'une progressive *extension par prothèse* du cerveau humain opérée par les médias numériques, le médiologue de Kerkhove a développé la notion de *brainframe* : l'ensemble des dispositifs numériques de communication formerait une structure, un cadre, dans lequel et avec lequel le cerveau établirait des interactions, pour interpréter et donner un sens au réel. Selon de Kerkhove, l'interaction avec la technologie aurait des conséquences à la fois au niveau physiologique (sur l'activité neuronale) et psychologiques (sur les activités cognitives). Loin d'être un *quid* abstrait, le *brainframe* n'est pas non plus une "simple" prothèse, que l'on remplacerait comme une paire de lunettes : au contraire, il affecterait le cerveau en profondeur, en intervenant dans la gestion de ses opérations. De Kerkhove a également défini la technologie alphabétique

[127] McLuhan H. M., *op. cit.,* pp. 71-72.

en termes de *brainframe*, en insistant sur les profondes modifications que ce puissant instrument a opérées, à tous niveaux, sur la configuration culturelle de l'Occident (depuis la primauté donnée à la vue par rapport à l'ouïe, au mouvement des yeux dans la lecture et l'écriture, allant jusqu'à l'organisation même du savoir). La diffusion de l'écriture alphabétique aurait comporté un changement de *brainframe*, puisque, comme le remarque le célèbre linguiste Ong, elle aurait impliqué une modification des modalités d'expérience de l'individu :

> « Les technologies ne sont pas de simples adjuvants externes, mais entraînent des transformations dans les structures mentales, en particulier lorsqu'il s'agit de communication verbale. »[128]

Bien qu'inné dans l'être humain, le langage serait à l'origine d'un geste artificiel en soi : la latéralisation de la lecture et de l'écriture de gauche à droite. Par extension, nous pouvons provisoirement conclure que la thèse défendue par Giannoli, selon laquelle les technologies numériques opéreraient une "progressive informatisation de l'intelligence humaine"[129], est cohérente avec les données actuelles de la recherche sur le sujet.

Il est toutefois impossible de pousser plus loin cette réflexion, jusqu'à tenter de déchiffrer la forme que la pensée pourrait adopter dans un contexte d'immersion totale, tel que l'exige le cyberespace. Toutefois, le concept d'"hypertexte" élaboré en 1965 par le sociologue et philosophe américain Theodor Holm Nelson, figurant parmi les plus grands théoriciens dans ce domaine, peut nous venir en aide.

La notion d'hypertexte a été formulée pour la première fois à l'occasion d'une conférence sur le thème du traitement automatique de l'information, au cours de laquelle

[128] Ong W., *Oralité et écriture : la technologie de la parole*, Paris : Les Belles Lettres, 2014, p. 124.
[129] Giannoli G. I., *op. cit.*, p. 204.

Nelson proposa une théorie pour un nouveau système informatif d'organisation des documents. Le projet, dont le titre est déjà suffisamment évocateur, *A File Structure for the Complex, the Changing, and the Indeterminate* peut être légitimement considéré comme l'antécédent des conditions théoriques à la base du World Wide Web. En situant l'informatique (considérée en tant que technologie vouée à la récupération de l'information, par le biais d'une organisation des données) dans le périmètre des implications philosophiques sur les mécanismes de la pensée humaine, Nelson souhaitait clairement élever l'hypertexte au statut de réponse définitive, aussi bien du point de vue théorique que pratique, à la question centrale sur le fonctionnement du cerveau.

La proposition de Nelson se développe autour d'une architecture innovatrice de l'information, en mesure de gérer des documents complexes, dynamiques et interconnectés : face à l'approche traditionnelle de l'*information retrieval* (brièvement : la recherche des informations par mots-clés et par thème), Nelson introduit l'idée d'une recherche par liens (les *links*) existants (ou bien créés successivement) entre deux ou plusieurs documents. Dans les systèmes de gestion de l'information, Nelson, en effet, applique un modèle réticulaire *ouvert*, capable de s'étendre à l'infini, soit d'incrémenter le nombre de documents liés entre eux. La figure qui soutient implicitement cette vision est justement l'hypertexte, conçu comme un espace potentiellement illimité, comme celui du réseau, contrairement aux caractéristiques finies d'une dimension purement physique (comme une feuille de papier) : l'hypertexte réunit en soi l'infini et le réticulaire, deux propriétés synonymiques dans le langage nelsonien. En totale continuité avec les recherches applicatives d'autres pionniers de l'informatique des années 1960 (comme Joseph Licklider, Vannevar Bush et Douglas Engelbart), Nelson associe à une sensibilité philosophique, visible dans sa volonté de comprendre les lois de la rationalité humaine, la conscience qu'une nouvelle conception de machine, non plus considérée comme un simple calculateur, mais plutôt comme un instrument multifonctionnel au service de la créativité humaine, soit en train d'émerger, dans une perspective symbiotique avec l'esprit :

> « Si nous souhaitons utiliser l'ordinateur pour la gestion de dossiers personnels et comme support à la créativité, il est nécessaire d'élaborer un système tout à fait différent de ceux qui sont actuellement disponibles pour l'analyse des données dans le cadre de la comptabilité et l'administration, ou encore de la recherche scientifique. Il s'agit plutôt d'assurer la capacité de réaliser des connexions complexes et particulières, d'accomplir de profondes modifications ou de suivre des options non pré-ordonnées. Il devra en outre disposer de vastes archives documentaires, toutes internes au système. »[130]

Il est possible d'extrapoler de ce passage quelques considérations qui éclairent ultérieurement sur la portée de l'hypertexte : ce dernier se propose comme un concept ouvert, au sein duquel les possibilités de parcourir les informations ne sont pas prédéterminées. L'expérience de l'utilisateur d'un hypertexte, telle que l'imagine Nelson, devrait réduire au minimum l'option d'accès à des sources externes, puisque l'ensemble des documents composant la base de connaissances consultée serait interne au système hypertextuel de consultation. Le théoricien américain imagine, par conséquent, un modèle antithétique au livre et à l'ensemble des « stratagèmes » que la culture typographique a développé pour restreindre la complexité aux limites de l'espace physique disponible (par exemple : les notes en bas de page en tant que renvoi externe vers

---

[130] Nelson T. H., "A File Structure for the Complex, the Changing, and the Indeterminate", U.S., 1965, p. 30. Disponible à l'adresse : http://csis.pace.edu/~marchese/CS835/Lec3/nelson.pdf (consulté le 27/11/2018).

d'autres sources de connaissances). Comme condition nécessaire pour réaliser tout cela, le système doit permettre des parcours par associations, en effectuant des connexions complexes et particulières.

À l'issue du discours jusqu'ici tressé, nous pouvons faire ressortir la caractéristique essentielle du concept d'hypertexte : dans l'intention d'émuler l'extrême complexité, la rapidité et l'imprévisibilité du raisonnement humain, il faudrait que ce soit un type d'"écriture non séquentielle, un texte qui se ramifie en plusieurs options, permettant au lecteur de choisir"[131]. Puisque sa finalité serait celle de garantir la transmission de la pensée, l'hypertexte appartiendrait, somme toute, à la "famille" des formes d'écriture créées par l'homme : comme il a été dit, après avoir englobé le précédent médium, selon une dynamique de type McLuhan, pour assumer une nouvelle forme, l'hypertexte pourrait devenir le dénominateur commun entre l'homme cyborg et l'homme typographique. Un exemple d'hypertexte pourrait être le langage HTML[132], un ensemble doué de marqueurs qui, dans le contexte d'une syntaxe prédéfinie, permettent de transformer un texte normal (par exemple, une production littéraire) en un document hypertextuel.

Même s'il s'agit d'une forme d'écriture, l'hypertexte n'est pas linéaire, et se distingue donc totalement de l'écriture alphabétique (et du *brainframe* dérivé de cette dernière, comme dirait de Kerkhove). L'absence de linéarité transparaît, par ailleurs, à travers deux caractéristiques, présentes dans l'étymologie même du terme hypertexte : en premier lieu, le préfixe *hyper-* implique un espace qui

---

[131] Nelson T. H., *Literary Machines 90.*1, Muzzio Editore, Padova 1992, p. 2.

[132] L'acronyme signifie *Hyper Text Markup Language*; ce language de programmation a été développé par l'ingénieur et inventeur du WWW, Tim Berners-Lee.

dépasserait le deux ou trois dimensions (comme celle de la feuille en papier) ; ensuite, la racine *texte* renvoie clairement à la signification latine de *textum*, soit le produit d'un tissage. Cette valeur sémantique fait écho aux considérations, formulées au début de ce discours, sur la réticularité, assimilée à une trame privée de centre, dans laquelle chaque nœud est lié à *N* autres possibles. En outre, grâce à cette propriété de convergence binaire dont nous avons parlé auparavant, le *textum* en version digitale peut inclure des documents de format varié, audio ou vidéo, effectuant ainsi une transmutation hypermédia. L'hypertextualité pourrait amener à une nouvelle définition de la hiérarchie des sens, élevant l'ouïe au niveau de la vue, perception sensorielle centrale dans la culture typographique occidentale. Bien entendu, il ne s'agit pas d'esquisser d'improbables scénarios de retour à une oralité primaire, définitivement dépassée, mais plutôt de formuler l'hypothèse qu'une fois immergés dans l'infosphère, les êtres humains évolueraient dans un état d'oralité secondaire.

À présent, il est légitime d'accentuer la ligne de démarcation entre les deux formes d'écriture, celle typographique et celle digitale, pour trouver une réponse à la question sur la morphologie de la pensée issue de l'infosphère digitale. Le paradigme alphabétique a donné origine à une “expérience du dire”[133], marquée par une structure séquentielle définie par un *avant* et un *après*, selon une logique de flux unidirectionnel avec un point de départ et une arrivée. Cependant, il serait incorrect d'appliquer ce principe à la seule activité d'écriture, puisqu'à l'origine, l'oralité se fonde sur le déroulement d'un discours composé d'un *continuum* de phonèmes, sans

[133] D'Alessandro P., Domanin I., *Filosofia dell'ipertesto. Esperienze di pensiero, scrittura elettronica, sperimentazione didattica*, Milano : Apogeo, 2005, p. 11.

interruption : on comprend dès lors pourquoi les premières productions littéraires manuscrites ne comportaient aucun signe de ponctuation, à l'image du langage parlé.

Cela dit, il faut pousser plus loin notre hypothèse de départ. S'il est vrai que la pensée ne peut être exprimée sans médium (qu'il s'agisse de la voix, d'un stylo ou du clavier d'un ordinateur), on peut néanmoins considérer la pensée en processus de "médiatisation" comme *datum* : en d'autres termes, nous désirons ici soutenir la possibilité ontologique d'un "je pense" interne au moi et antérieur à sa forme expressive[134]. Une fois ces prémisses posées, nous devrions admettre que le paradigme typographique occidental a élevé la linéarisation de la communication orale et écrite au statut de véritable *forme* du raisonnement humain, par un phénomène de *mimêsis* :

> « Nous croyons d'ailleurs que notre pensée, celle-là même que nous souhaitons communiquer par l'écriture, puisse être correctement reproduite à la seule condition de lui donner la forme d'une séquence, d'une ligne continue, qui s'interrompt uniquement lorsqu'elle boucle son parcours de réflexion sur un argument donné, ou bien lorsque nous avons la volonté explicite d'interrompre la présentation du flux de pensée. »[135]

Par une évidente propriété transitive, nous avons donc étendu ce principe au livre, identifié comme archétype de l'écriture. Toutefois, en adoptant ce point de vue, il devient possible de contre-argumenter en faveur d'une *forma mentis* non séquentielle à sa racine même : comme il serait peu judicieux de réduire le livre à la production textuelle dans sa totalité, il faut aussi considérer le texte comme une multitude de fils tressés, composant une trame qui, elle

---

[134] Nous sommes conscients du "poids" que ce parti pris engage, face à des questionnements pas du tout anodins : la pensée dans son acte génératif est-elle distincte de l'acte reproductif par le biais d'un média ? En quoi subsisterait la différence ?
[135] *Ibidem*, p. 12.

aussi, ne coïncide pas totalement avec la seule séquence de nœuds enlacés entre eux :

> « En tant que trame et canevas, le texte se présente, en effet, avec des modalités d'expressions bien distinctes de la séquentialité, caractéristique de l'écriture alphabétique, et comme le démontrent les neurosciences, il permet de reproduire la structure de la pensée, qui se fonde sur l'interaction et la connexion de réseaux de neurones par les synapses. »[136]

Pour conclure, nous affirmons ici que la caractéristique essentielle de la pensée en voie de production n'est pas du tout séquentielle, parce que l'ensemble des idées constitue plutôt un flux désordonné et confus. Cette même dynamique se retrouve concrètement lorsque l'on tente d'effectuer, par exemple, la transcription d'un rêve : si, au moment du réveil, le souvenir du rêve paraît encore net et clair, lorsque nous tentons de le mettre à l'écrit, nous éprouvons un sentiment de fatigue et de confusion, tandis que les images s'évanouissent peu à peu. Ou encore, il nous semble que l'expérience douloureuse de l'écriture (en tant qu'effort de traduction séquentielle de pensées non séquentielles) est bien exprimée par l'exclamation de Sainte Thérèse : "Si seulement je pouvais écrire de mes deux mains, je n'oublierais pas une chose tandis que j'en dis un autre !"[137]

Il est sans doute intéressant de remarquer que la pensée, assimilée à la "trame d'un réseau fuyant et plurivoque"[138], se rapproche alors de la figure du "rhizome", choisie par les philosophes Gilles Deleuze et Felix Guattari pour décrire un nouveau genre de *logos*, qui opérerait par connexions multiples (par opposition à la pensée arbores-

---

[136] *Ibid.*, p. 13.

[137] Citation extraite de Peers E. (édité par), *Complete works of St. Teresa of Jesus*, London : Sheed and Ward, 1972, vol. II, p. 88.

[138] Ciastellardi M., *Le architetture liquide. Dalle reti del pensiero al pensiero in rete*, Milano : LED Edizioni, 2009, p. 228.

cente, hiérarchique et linéaire typique de la philosophie traditionnelle)[139]. Comme Umberto Eco l'a bien observé, "il n'existe pas de description globale du rhizome"[140], puisqu'on ne peut qu'en donner une vision partielle, exclusivement d'un point de vue interne : pour cette raison, la pensée rhizomatique correspondrait à un raisonnement par tâtonnement, de type conjectural[141].

3.3. Le cerveau global

Dans l'intention de redonner à la pensée un espace non séquentiel, ouvert et *rhizomatique*, l'hypertexte tend naturellement à désarticuler, d'un point de vue logocentrique, l'architecture fermée et cohérente du livre. Cette approche dé-constructive, par rapport au dispositif autoréférentiel représenté par le livre, s'entrevoit surtout dans la nouvelle définition que l'hypertexte donne aux rôles de l'auteur et du lecteur[142] :

> « Par l'acte symbolique du "bon à tirer", l'écrivain met un terme au processus privé de création, déclare que l'œuvre est terminée et s'en détache en la livrant à l'imprimeur. Ainsi, il transforme le produit de son travail en texte destiné aux lecteurs et à l'auteur lui-même. »[143]

La pratique hypertextuelle n'a pas, à proprement parler, d'"avant" et d'"après", comme c'est le cas du livre : puisque l'hypertexte évolue potentiellement dans une

---

[139] Deleuze G., Guattari F., *Mille plateaux. Capitalisme et schizophrénie. Tome 2*, Paris : Les Éditions de Minuit, 1980.

[140] Eco, *op. cit.,* 2007, p. 60.

[141] *Ibidem.*

[142] Le modèle hypertextuel remet en discussion la notion d'autorité, sur laquelle la culture du livre en Occident a fondé les systèmes d'organisation hiérarchique de la connaissance (l'*arbor porphiriana* en serait un exemple).

[143] Scavetta D., *La metamorfosi della scrittura: dal testo all'ipertesto*, Firenze : La Nuova Italia, 1992, p. 54.

condition constamment provisoire, il offre la possibilité d'une écriture ouverte à toute modification ou intervention. Un exemple représentatif de cette flexibilité est fourni par les pages web qui contiennent le flux de commentaires des lecteurs : ces derniers, en interagissant directement avec le discours originel dont l'auteur est plus ou moins identifiable, peuvent écrire et publier leurs propres opinions sur ce qui a été vu, écouté ou lu[144]. Un autre exemple de ces rapports plus flous entre agents du réseau hypertextuel s'entrevoit par la présence de *links* dans les pages web : en insérant des liens actifs avec d'autres pages du réseau, l'auteur d'un contenu hypermédia (textuel, audio, vidéo) renonce à prétendre au caractère exhaustif de que ce qui a été composé[145], et invite les lecteurs à "explorer le réseau dans lequel l'œuvre se situe, par l'implicite admission que la pensée est quelque chose que l'on développe ensemble"[146].

Bien entendu, l'écriture alphabétique, séquentielle et monolithique, avec ses citations et ses notes en bas de page, se situe elle aussi dans un réseau de références qui l'entourent : au fond, on pourrait également définir le livre comme "intertextuel", puisqu'il peut être lu et mis en relation avec d'autres livres. Toutefois, c'est justement par ces

---

[144] Tout en voulant être transparent d'un point de vue intellectuel, il faut évoquer la pratique propre à certains auteurs sur le web, soient-ils individuels ou collectifs, de "verrouiller" le contenu, afin d'empêcher tout commentaire ou autre interaction avec les internautes. Un tel comportement finit par réduire les potentialités de l'hypertexte à un simple texte digitalisé : cette pratique ne constitue donc pas un contre-argument significatif à la thèse jusqu'ici soutenue.

[145] Le cas extrême retombe au sein de l'écriture collaborative, dont un exemple est fourni par l'encyclopédie *Wikipédia*, auquel tout internaute peut contribuer, en créant de nouvelles entrées ou en modifiant celles existantes.

[146] Weinberger D., *Too big to know. Rethinking the knowledge now that the facts aren't the facts, experts are everywhere and the smartest person in the room is the* room, New York : Basic Books, 2014.

liens instantanés que l'écriture hypertextuelle incorpore et qui sont absents dans l'écriture alphabétique, que les deux systèmes diffèrent ontologiquement : il s'agit en effet de connexions actives, qui offrent à l'utilisateur du réseau la faculté d'ouvrir instantanément des portails vers d'autres univers, et qui se présentent comme une invitation à la découverte immédiate, plutôt que d'agir comme des "clous", selon l'expression de Weinberger, qui figent le lecteur à l'intérieur des limites de l'espace du livre :

> « Les hypertextes, au contraire, grâce à leur plus grande liberté, pourraient contribuer à équilibrer le rapport asymétrique entre auteur et lecteur. Pour aller à l'essentiel, le lecteur peut à présent décider du point de départ et du parcours qu'il souhaite suivre. [...] Par conséquent, l'œuvre n'est plus compacte et stable, parce que chaque hypertexte peut ouvrir vers de multiples œuvres à lire, et l'auteur, donc, n'en est plus tout à fait le seul auteur. De son côté, le lecteur s'arroge une liberté et un pouvoir qui lui étaient auparavant inaccessibles. »[147]

Donc, à l'issue de ce qui a été discuté jusqu'ici, il semble qu'un premier repère puisse être posé sans opposition particulière : la modification de l'expérience de la lecture dans la sphère de l'hypertextualité entraîne un glissement du statut de lecteur, qui évolue vers un profil tout à fait distinct de celui d'utilisateur passif. L'interaction constante, sollicitée entre l'utilisateur et le contenu du réseau, met en évidence la nouvelle signification (dans les limites d'une herméneutique ouverte) donnée aux concepts du lecteur et de l'écrivain, cantonnés dans les coins opposés de l'espace du livre. Si l'on envisage la dimension pluraliste de la construction du sens de l'hypertexte, une autre considération survient : l'architecture physique du réseau permet de réaliser, autour du contenu, des pratiques simultanées d'écriture et de

---

[147] Scavetta D., *op. cit.*, p. 54.

lecture[148]. Même en admettant l'hypothèse d'une seule entité à l'origine d'un contenu, au moment de sa publication sur Internet, l'auteur se confronte *hic et nunc* à une masse d'utilisateurs, qui agissent de manière plus ou moins coopérative sur le texte :

> « L'hypertexte est, par conséquent, le produit d'une communauté d'interprètes, qui en détermine, donc, les conditions de durée et d'effectivité. Nous devons ici souligner le fait qu'il soit le résultat d'une écriture coopérative. La figure compacte et intègre d'un seul acteur a disparu, remplacée par une multitude ouverte et infinie d'une communauté plurielle d'interprètes. »[149]

Même si l'expression "communauté d'interprètes" n'est pas exempte d'objections et de critiques[150], il demeure néanmoins partageable l'idée que le réseau hypertextuel ouvre les portes à une participation de masses entières, donc l'action serait, selon beaucoup, à l'origine d'une forme d' "intelligence collective"[151]. Le fait de conférer au Web une dimension sociale ne devrait pas être étonnant en soi : dès les premières théories sur l'hypertexte (et en général sur la construction d'un réseau mondial de connexion entre machines et agents humains), on retrouve une perspective collective, au sein de laquelle on souli-

---

[148] On fait ici référence au soi-disant modèle architectural *client-server*, propre aux Internets : d'un côté le support physique de l'hypertexte correspond à un "nuage" de ordinateurs *serveurs*, qui distribuent le contenu ; de l'autre, il y a *N* ordinateurs *clients*, derrières lesquels on peut trouver innombrables utilisateurs.

[149] D'Alessandro P., Domanin I., *op. cit.*, p. 71.

[150] Dans quelle mesure on peut appliquer le concept de communauté à la dimension réticulaire ? Peut-on sous-entendre par là une récupération de l'espace sémantique du terme communauté, tel que figé par le sociologue allemand Tönnies par rapport à la notion de Société ? La contribution critique de Maldonado à ce sujet est sans doute intéressante, compte tenu de son approche visant à relier la vision communautaire du réseau avec la tradition de la pensée utopiste.

[151] Lévy P., *op. cit.*

gnait l'opportunité d'amplifier les capacités cognitives de l'homme, à travers une interaction à l'unisson entre agents naturels et artificiels. Par ailleurs, Tim Berners-Lee, l'inventeur du Web, le déclara lui-même en termes très explicites, lorsqu'il qualifia son invention comme une innovation avant tout sociale, plutôt que technique. De plus, il remarquait :

> « J'ai projeté le Web pour qu'il puisse avoir une utilité sociale, pour inciter les personnes à la collaboration, et non pour être un jouet technologique. La finalité ultime du Web est d'améliorer notre existence réticulaire dans le monde. »[152]

L'espace hypertextuel du Web devrait favoriser le partage de réflexions et d'émotions (phénomène que nous constatons quotidiennement dans les plateformes des réseaux sociaux), au point de pouvoir annoncer le passage, quant à la représentation de l'esprit, depuis un paradigme "égo-iste" et "intimiste" à une configuration nettement collective, voire (pour certains) "narcissique"[153]. Dans ce cas, l'expérience de la pensée serait l'aboutissement d'un processus de communication interactive entre agents humains et artificiels, au sein de contextes socialement définis. Bien qu'elle reste problématique, à la fois au niveau de ses propriétés constitutives et de ses conséquences sur les systèmes sociaux et culturels, l'hypothèse d'une intelligence collective, issue de la masse de connexions entre intelligences humaines et artificielles, détermine alors un scénario cohérent avec notre argumentation. Le modèle du *user generated content*[154], à la base des sys-

---

[152] Berners-Lee T., *Weaving the Web. The Original Design and Ultimate Destiny of the World Wide Web by Its Inventor*, New York : Harper Business, 2000, p. 113.

[153] Keen A., *The Cult of the Amateur. How today's internet is killing our culture*, New York : Doubleday, 2007.

[154] L'expression d'origine anglaise signifie "contenus crées par les utilisateurs". Cette expression a surtout servi à marquer le changement

tèmes d'organisation de la connaissance digitale (comme, par exemple, *Wikipedia*, *Flickr* ou *Quora*), comporte plusieurs caractéristiques constitutives de cette "pensée collective", permettant, contrairement à la culture typographique, l'expression de connaissances "depuis la base de la pyramide" et itératives.

Le discours sur l'intelligence collective du réseau peut faire écho, à une première lecture, au registre de communication typique des récits techno-utopiques (notamment en ce qui concerne les soi-disantes propriétés rénovatrices et libératoires du cyberespace, par rapport à une humanité "enrichie") [155] . L'intelligence collective s'appuie sur une argumentation suffisamment abstraite pour être très suggestive : en établissant un parallèle fonctionnel entre l'appareil cérébral et le calculateur informatique, et en insistant sur la diffusion planétaire d'un réseau global d'ordinateurs, on théorise l'émergence d'une macro-connexion entre cerveaux et machines. Celle-ci pourrait entraîner l'apparition d'une nouvelle faculté cognitive et perceptive capable de garantir sa propre *existence* et une activité rationnelle plus puissante, indépendamment de ses composantes. C'est pourquoi, on parle justement de "cerveau global" :

> « The "Global Brain" is a metaphor for this emerging, collectively intelligent network that is formed by the people of this planet, together with the computers, knowledge bases and communication links that connect them. »[156]

---

de paradigme de l'internaute, en passant d'une posture de consommateur "passif" à celle d'auteur et d'éditeur de soi-même.

[155] Granieri G., *Umanità accresciuta. Come la tecnologia ci sta cambiando*, Roma-Bari : Laterza, 2009.

[156] Heylighen F., *Conceptions of a Global Brain: An Historical Review*, Brussels, Belgium, 2005, p. 1. Disponible à l'adresse : http://pespmc1.vub.ac.be/Papers/GBconceptions.pdf (consulté le 27/11/2018).

En réalité, ce désir de définir une nouvelle forme d'intelligence, issue de collectifs humains et/ou artificiels, s'inscrit entièrement dans la tradition de la pensée occidentale, et serait même antérieur à la littérature techno-utopiste de la deuxième moitié du XXe siècle. Apparue en 1982, avec la publication de l'ouvrage éponyme[157] composé par le physicien Peter Russell, la métaphore du cerveau global se présente, par conséquent, comme la plus efficace, parmi les autres étiquettes, pour inclure et rendre compte de la multitude d'interprétations sur la notion d'intelligence collective proposées au cours du temps.

À ce sujet, il est utile de rappeler les divers apports théoriques touchant au concept de cerveau global, selon une classification adoptée par Francis Heylighen[158]. On peut en effet distinguer trois grandes familles, soit *organiciste*, *encyclopédiste* et *émergentiste*, en prenant comme critère la manière dont est représentée l'idée d'un cerveau global :

1. Un organisme social ;
2. Un système de connaissance universelle ;
3. Une première esquisse de "conscience globale".

Ces trois variantes reposent sur un principe fondamental commun : il est nécessaire que le cerveau global fonctionne comme une entité auto-organisée, afin de réaliser des fonctions spécifiques, comme, par exemple, effectuer des estimations, faire des choix et tirer une leçon à partir des conséquences des décisions qui ont été prises :

> « No individual, organization or machine is in control of this system: its knowledge and intelligence are distributed over all its

[157] Russell P., *The Global Brain: speculations on the evolutionary leap to planetary consciousness*, Los Angeles : JP Tarcher, 1982.
[158] *Ibidem*.

components. They emerge from the collective interactions between all the human and machine subsystems. »[159]

Dans la conception organiciste, probablement la plus ancienne de l'imaginaire occidental, la société humaine est assimilée à un organisme vivant, voire au corps humain lui-même. Les institutions, les classes sociales et les groupes plus ou moins nombreux joueraient un rôle équivalent à celui des organes, des "vases communicants", des membres et des divers appareils fonctionnels au sein d'un organisme vivant. C'est surtout l'école française de sociologie du XIXe siècle qui élabore les formulations organicistes les plus complexes : les thèses de Saint-Simon, Comte et Spencer ont tendance à privilégier une lecture où les différentes composantes sociales établissent une coopération pour la création et le maintien d'une harmonie sociale, conformément au principe de rationalité. Notamment, Saint-Simon reconnaît dans le système de *coopération* entre classes sociales (où chacune joue un rôle et une fonction particuliers) un des fondements d'une société organique et, donc, rationnelle. De même, Auguste Comte, père fondateur de la sociologie et représentant du positivisme social de la première moitié du XIXe siècle, réclame le besoin de fonder la société sur de nouvelles bases plus solides, en réaction aux bouleversements provoqués par la raison critique des Lumières. Le principe d'une société organique consiste dans l'acceptation de lois immuables, qui règlent l'ordre et la hiérarchie sociale :

> « La réalité sociale est régulée par des lois immuables que la science doit découvrir ; seule une conformation à ces lois non modifiables peut aboutir à une société ordonnée, harmonieuse, ayant dépassé l'anarchie intellectuelle amenée par la libre pensée des Lumières. »[160]

---

[159] Heylighen F., *Conceptions of a Global Brain: An Historical Review*, *op. cit.* p. 2.
[160] Izzo A., *op. cit.*, p. 36.

Herbert Spencer, sûrement le plus explicite parmi les trois sociologues du XIXe siècle évoqués ici, attribue à l'ensemble social les caractéristiques d'un *organisme*, doué d'un système nerveux propre. Après avoir constaté la progressive division du travail, Spencer déduit une tendance à la différentiation des parties qui accroît la spécialisation des fonctions, à laquelle s'opposerait une poussée vers l'intégration, assurant ainsi le fonctionnement global du système :

> « A social organism is like an individual organism in these essential traits: that it grows; that while growing it becomes more complex; that while becoming more complex, its parts acquire increasing mutual dependence; that its life is immense in length compared with the lives of its component units; that in both cases there is increasing integration accompanied by increasing heterogeneity. »[161]

La vision organiciste a ensuite été enrichie par d'autres contributions, externes à la tradition de pensée sociologique : il suffit de penser, par exemple, à l'"hypothèse Gaia"[162], selon laquelle la Terre serait un système complexe, capable de s'autoréguler, notamment quant à la température ou à la composition atmosphérique. Dans une telle configuration, l'être humain agit parfois comme un parasite responsable de la contamination de la planète, parfois comme un acteur dans la résolution des problèmes, agissant en symbiose avec le super-organisme. Par ailleurs, on a aussi évoqué le concept de "méta-homme"[163], pour illustrer la formation d'un super-organisme global, structuré par un réseau serré qui unit les êtres humains. L'approche organiciste est néanmoins vulnérable aux cri-

---

[161] Spencer H., *Principles of sociology*, London : MacMillan, 1969, in Heylighen F., *op. cit.*, p. 3.
[162] Lovelock J. E., *Gaia as seen through the atmosphere*, Atmospheric Environment, Elsevier, 1967.
[163] Stock G., *Metaman: The Merging of Humans and Machines into a Global Superorganism*, New York : Simon & Schuster, 1993.

tiques sur deux fronts : d'une part, on lui reproche une tentation "conservatrice" face aux risques de conflits ou de tensions qui empêcheraient le bon fonctionnement de l'organisme social. D'autre part, la critique de nature politique insiste sur l'annulation de la liberté individuelle, puisque l'individu se réduirait à une simple unité "cellulaire" subordonnée aux besoins de la collectivité[164].

Cependant, parler d'une approche encyclopédiste signifie identifier, au sein de la littérature touchant au thème du cerveau global, une orientation spécifique qui, à partir des Lumières, insiste sur la possibilité de représenter la totalité du savoir humain, en le rapportant à une seule et unique structure (comme, par exemple, la *Bibliothèque universelle*). Il suffit de rappeler qu'un objectif bien précis est énoncé dans les prémisses du projet de l'*Encyclopédie* : il s'agit d'isoler et de définir ces traits de la société et des cultures humaines qui, au-delà de leurs spécificités locales, puissent de plein droit détailler une idée commune de la raison humaine. Dans cet essai encyclopédiste mené par Diderot et D'Alembert, il en ressort donc une pulsion visant à concrétiser le rêve d'un "recueil hypothétique de *toutes* les connaissances d'une culture"[165]. Comme il a été dit, il s'agit d'une "idée normative"[166], soit une *Encyclopédie maximale*, qu'il est impossible de matérialiser sur un support physique, mais tout de même matériellement existante, en quelque sorte, car parsemée dans la masse des dispositifs de connaissance : livres, images, etc. [167]

Dans la première moitié du XXe siècle, l'intuition du bibliographe belge Paul Otlet, concernant la formalisation

---

[164] Il s'agit d'une critique s'adressant explicitement aux régimes totalitaires au XXe siècle.

[165] Eco U., *op. cit.*, 2007, p. 55.

[166] *Ibidem.*

[167] Cela rappelle aussi la métaphore de Borges du "livre total", une sorte de bibliothèque qui rassemble et donne accès à tous les savoirs.

d'un système permettant de collecter et d'assurer une solide organisation de la connaissance mondiale, semble naturellement s'inscrire dans la perspective encyclopédiste. En 1935, Otlet anticipe presque l'idée du World Wide Web, en imaginant une technologie qui puisse fournir un support au développement d'un cerveau global :

> « [...] a machinery would be created [that would register from a distance] everything in the universe, and everything of man, as it was being produced. This would establish the moving image of the world, its memory, its true duplicate. [...] Thus, anyone from his armchair would be able to contemplate creation, as a whole or in some of its parts. »[168]

À la même époque, l'écrivain H.G. Wells imagine un dispositif de mémoire universelle, auquel il consacre un livre intitulé *World Brain*[169], ayant pour finalité d'établir une véritable encyclopédie du monde. À partir de la deuxième moitié du XXe siècle, de nombreuses expériences se succèdent, aussi bien conceptuelles que techniques, pour tenter de fournir à l'esprit humain (d'abord au niveau individuel, puis collectif) un instrument pour gouverner la masse croissante d'informations. À tire d'exemple, nous signalons : l'*hypermedia* de Nelson (des morceaux d'information interconnectés par des *links*) et le *Memex* de Vannevar Bush (une sorte de support externe, pour amplifier la mémoire individuelle) ; le concept d'*hypertexte* de Nelson, ainsi que *Xanadu*, son système primordial de gestion documentaire ; la première application de l'hypertexte par Englebart[170]. Enfin, la formalisation théorique et pratique de ces précurseurs "encyclopédistes" aboutit à

---

[168] Otlet P., *Monde : essai d'universalisme*, Brussels : Éditions du Mundaneum, 1935, in F. Heylighen, *op. cit.*, p. 6.

[169] Wells H. G., *World Brain*, London : Methuen, 1938.

[170] Englebart D. C., "A Conceptual Framework for the Augmentation of Man's Intellect", in Howerton P. (ed.) *Vistas in Information Handling vol 1, The Augmentation of Man's Intellect by Machine*, Washington, D.C. : Spartan Books, 1963, pp. 11-29.

l'invention du World Wide Web, par Tim Berners-Lee : la possibilité de combiner le code HTML (format univoque de description hypertextuelle des pages Web) avec l'URL (schéma universel pour la disposition des documents) permet de construire le premier réseau, à échelle mondiale, de documents interconnectés, bien qu'ils soient *physiquement* conservés dans différents ordinateurs.

Par rapport aux deux précédentes théories, l'approche émergentiste présente une vision moins sociale ou technologique, mais semble, par certains aspects, plutôt orientée vers une dimension plus spirituelle. Selon l'émergentisme, le canevas des interactions entre les individus et les machines déterminerait le développement d'une conscience supérieure, pouvant constituer une unité pensante autonome. Les considérations du jésuite Teilhard de Chardin reflètent cette perspective : au fond, sa vision du cerveau global se comprend comme le résultat d'un long processus d'évolution à échelle planétaire, dont la finalité serait de générer des niveaux croissants de complexité et de conscience. La planétarisation, soit la phase dans laquelle l'humanité serait unifiée autour de la planète Terre, coïnciderait avec l'émergence d'une rationalité globale, nommée “noosphère” :

> « No one can deny that a world network of economic and psychic affiliations is being woven at ever increasing speed which envelops and constantly penetrates more deeply within each of us. With every day that passes it becomes a little more impossible for us to act or think otherwise than collectively. We are faced with a harmonized collectivity of consciousness, the equivalent of a sort of super-consciousness. »[171]

---

171 Teilhard de Chardin P., *The Formation of the Noosphere: a Plausible Biological Interpretation of Human History*, in Teilhard de Chardin P., *The Future of Man*, Harper and Row, New York, 1969, in Heylighen, *op. cit.*, p. 8.

La notion de “noosphère”, selon De Chardin, s’inscrirait dans le sillage de la réflexion initiée et développée par le scientifique russe Vladimir Vernadskij dans la première moitié du XXe siècle, portant sur la question d’un réseau complexe d’interrelations entre la matière vivante (l’ensemble des organismes vivants) et le monde physique naturel (le milieu naturel). Selon Vernadkij, la noosphère se configure comme la dimension où l’homme (grâce à son esprit) peut agir sur le monde, en résolvant différents problèmes de domination et de transformation de la nature. Cette phase coïncide avec un moment précis dans l’Histoire de l’Humanité, où l’homme, par son action rétrospective sur l’environnement géo-cosmique, le marque et le modifie. La noosphère pourrait se définir ainsi :

> « [...] le résultat d’un processus de cérébralisation de l’univers, soit de ce processus de perfectionnement progressif du système nerveux central, le cerveau, à l’issue duquel l’homo sapiens devient seulement un anneau de passage dans la longue chaîne des êtres vivants. »[172]

Chez Vernadskij, comme chez Teilhard de Chardin, la noosphère représente plutôt une phase avancée de l’évolution humaine, dans laquelle l’esprit semble doué de la faculté de projeter l’ensemble du savoir technique et scientifique sur le monde, en le modifiant rétrospectivement, de manière irréversible.

---

[172] Tagliagambe S., *op. cit.*, 1997, p.15.

4. La construction sociale de la connaissance

4.1. La nouvelle morphologie du savoir

Avant d'entamer en détail l'analyse des modifications affectant les processus de construction du savoir, il est utile d'introduire quelques précisions, afin de clarifier les prémisses de notre argumentation.

Tout d'abord, il est opportun de rappeler que le cadre conceptuel de référence délimitant le discours sur la "connaissance sociale" coïncide en général avec la notion d'infosphère (considérée comme un espace d'informations où interagissent aussi bien des agents naturels qu'artificiels, par rapport à la globalité des documents qu'il contient). Une attention toute particulière est donnée au réseau hypertextuel : au-delà de la dimension digitale qui le caractérise à l'origine, il tend en effet à coopter une vaste partie du territoire occupé par les médias analogiques, jusqu'à en redéfinir le rôle[173].

Ensuite, il faut délimiter le champ sémantique du terme "savoir", afin d'éviter tout risque d'incompréhension. À première vue, nous serions tentés d'adopter la définition

[173] Cela apparaît tout à fait cohérent avec l'approche critique, désormais consolidée, au système des médias : chaque nouveau média de masse a tendance à basculer les territoires d'influence des médias prédecesseurs, sans provoquer leur extinction. En revanche, il redifinit leur fonction sociale et culturelle, par rapport au temps et à l'espace de consommation. Cf. De Fleur M. L., Ball-Rokeach S. J., *Teorie delle comunicazioni di massa*, Bologna : Il Mulino, 1995.

de la cyberculture, donnée par Pierre Lévy à la fin des années 1990 :

> « L'ensemble des techniques (matérielles et intellectuelles), des pratiques, des aptitudes, des modes de pensée et des valeurs qui se développent avec l'essor du cyberespace. »[174]

Toutefois, cette notion semble être trop générale pour rendre efficacement compte de la série complexe de caractéristiques qui peuvent être attribuées au concept de savoir. Chez Lévy, par exemple, il n'y a aucune distinction (tout sauf évidente) entre information "crue" et connaissance "élaborée". Ni l'une ni l'autre, d'ailleurs, ne peuvent s'estimer désubjectivisées, si l'on assume que même le *datum* est toujours biaisé par un point de vue, situé *hic et nunc*. En outre, la création de la connaissance devrait résulter d'un long processus d'analyse, par lequel il devient possible de transformer "un matériau relativement brut en une authentique connaissance"[175] : un tel processus doit en effet être conçu comme une élaboration composée de plusieurs étapes, dont les principales sont : la classification, la vérification, l'interprétation, et enfin la narration et la théorisation[176].

Il faut aussi rappeler, à titre d'information, que dans l'ensemble du discours ici développé, nous avons choisi de focaliser de préférence notre attention sur la phase de structuration de la classification, en tant qu'acte social (et donc historique) d'organisation des phénomènes en catégories : comme l'a déjà remarqué Foucault[177] pour les procédés analogues du XVIIIe siècle, il est possible d'entrevoir, à travers les modifications au sein des systèmes de classification, les signes d'une plus vaste

---

[174] *Ibidem.*

[175] Burke P., *A Social History of Knowledge II. From the Encyclopaedia to Wikipedia*, Cambridge-Oxford : Polity, 2013.

[176] Ivi, p. 69.

[177] Foucault M., *op. cit.*

mutation des modes de pensée (et, en particulier, de penser le savoir).

Quand on parle de savoir, on l'emploie comme synonyme de l'expression "connaissance diffuse", selon la définition développée par le linguiste italien Raffaele Simone :

> « C'est l'ensemble de croyances, de valeurs, d'opinions (même de bas niveau), de notions subtiles, d'informations générales que nous élaborons à travers l'étude scolaire, la lecture de journaux et de livres, par les conversations et l'ouï-dire. Ces connaissances sont un don de nature, d'origine et de qualité variées : des informations précises [...] côtoient des explications fantaisistes, ou inventées pour des raisons culturelles [...], des maximes naïves de comportement [...] et même des légendes métropolitaines. »[178]

Il s'agit d'un savoir aux contours nuancés et très problématiques, puisqu'il contient à la fois des contenus précis (obtenus par expérience directe ou indirecte, par exemple : l'eau bout à 100 °C), des informations à caractère culturel (manger des fruits après le dessert), et des affirmations invraisemblables ou légendaires (la télévision allumée quand il pleut peut exploser). Cette formulation permet ainsi d'accepter une signification "étendue", capable de préserver une idée de pluralité des savoirs (si chère à la vision de Foucault et à sa "pratique archéologique", vouée à décortiquer l'historicité des formes d'expérience)[179] : au sein de cette perspective, il est indubitable que le "savoir comment" mérite clairement une place à côté du "savoir que"[180]. Les savoirs explicites et implicites, purs et appliqués, locaux et universels, seraient donc inclus dans ce que nous avons déjà évoqué à plusieurs reprises, en parlant de réseau hypertextuel. Une confirmation, en ce sens, est fournie par la disponibilité en

---

[178] Simone R., *Presi nella rete. La mente ai tempi del web*, Milano : Garzanti, 2012, p. 135.
[179] Foucault M., *op. cit.*
[180] Burke P., *op. cit.*, p. 13.

ligne d'archives de publications scientifiques, mais aussi de plateformes de distribution de contenus vidéo[181], ou encore de l'*Encyclopedia Britannica* et de *Wikipedia*. Cette caractéristique d'"offre horizontale" de documents, qui possèdent un statut et un degré de validité différent, constitue l'authentique spécificité du réseau : sans se soucier de la *localisation physique* des contenus disponibles en ligne[182], l'utilisateur éprouve la sensation de pouvoir accéder à des formes de connaissances autrefois enfermées dans des compartiments mutuellement exclusifs.

On pourrait donc en déduire que l'idée de la connaissance diffuse se rapproche beaucoup de celle de la *doxa*, puisqu'elles partageraient le même statut gnoséologique (bien distinct de celui du savoir spécialisé, appartenant au domaine de l'*épistémè*). En réalité, la présence de traces épistémiques, par exemple tous les produits des sciences dures, comme les recherches et les prototypes disponibles en ligne, pourrait conférer à la sphère du savoir diffus des traits particuliers, qui la rendraient tout à fait autonome par rapport à la simple *doxa* : la tension dialectique entre science et opinion, qui a traditionnellement établi une polarité entre ces deux différentes formes de culture, se trouverait être complètement intériorisée dans le savoir diffus, confirmant ainsi le caractère de composé "polémique". Depuis une perspective purement médiologique, nous pourrions même affirmer que la connaissance diffuse présente généralement le même genre de conflit propre à

---

[181] *Youtube* ou *Dailymotion* en sont les exemples plus connus par le grand public. Chacun donne l'opportunité à amateurs, professionnels et grandes marques de publier vidéos autoproduites ou financées par des maisons de production et distribution. Actuellement, ce genre de plateformes de contenus représente le principal canal alternatif de consommation par rapport au système de *broadcasting* traditionnel.

[182] Il ne faut pas oublier que l'architecture physique du réseau prévoit des scénarios où les documents sont déposés sur des serveurs, positionnés à des milliers de kilomètres de distance l'un de l'autre.

la culture de masse, qui se révèle, notamment, dans l'interaction entre trois niveaux de consommation culturelle – *high*, *middle* et *lowbrow* – proposés par Dwight MacDonald[183].

Enfin, il a été remarqué que le contenu de cette forme spécifique de savoir en ligne (documents, manuels, recueils de techniques et instructions) se rapproche plutôt de l'idée d'un savoir *descriptif*, soit le savoir que, s'éloignant du concept de savoir *procédural*, relatif au savoir comment et typiquement lié à des actions réalisées dans le monde physique ; il en résulterait, d'ailleurs, une modification non négligeable des habilités cognitives humaines :

> « S'il en est ainsi, alors il faut en conclure qu'avec la cyberculture, les compétences des êtres humains (excepté le cas des spécialistes, tout à fait particuliers) ont tendance à se qualifier comme l'habilité à sélectionner des notions, au lieu d'être une habileté à réaliser des opérations. »[184]

En fonction de ce qui a été vu jusqu'ici, il est légitime de se demander où se situe le point de rupture entre la configuration actuelle du savoir présent en ligne et celle, en revanche, typique des précédents paradigmes sociaux et épistémologiques.

Si on voulait reprendre l'argumentation de Umberto Eco à propos du passage du dictionnaire à l'encyclopédie, on ne pourrait que reconnaître, encore une fois, certains facteurs de proximité entre la connaissance diffusée en ligne et le type encyclopédique idéal, tant dans la forme que dans le contenu. Présentés comme des composés conceptuels (plutôt que des objets éditoriaux à proprement parler), dictionnaire et encyclopédie se distinguent, selon Eco, au niveau de la représentation sémantique adoptée, et

---

[183] MacDonald D., *Against the American Grain*, Random House, New York 1962 in Eco U., *op. cit.*, 2001.
[184] Giannoli G. I., *op. cit.*, pp. 209-210.

par conséquent de la différente conception du savoir[185]. L'*Arbor Porphirianus*, modèle illustrant le dictionnaire, se constitue à partir du *Commentaire aux catégories d'Aristote*, composé au IIIe siècle après J.-C. par le philosophe néoplatonicien Porphyre, et inclus dans son œuvre *Isagogè*. Conçu essentiellement comme une structure consacrée à représenter les relations logiques, l'arbre de Prophyre se propose comme *principe unique des substances*, radicalisant ainsi nettement, selon Eco, l'approche aristotélicienne de la théorie des prédicables, à l'origine beaucoup plus nuancée et attentive au système de référence. La perspective épistémologique sous-jacente à la pensée porphyrienne est que la connaissance est une seule, puisque la réalité est une seule. En tant que représentation fidèle de la réalité, la connaissance ne peut pas se contredire : si un savoir n'est pas certain, cela signifie qu'il n'est pas digne d'être su.

Il faut immédiatement préciser, comme le souligne Aristote, qu'énoncer les propriétés d'une entité équivaut à la *définir*, mais non pas à *démontrer* quoi que ce soit : en effet, "montrer l'essence d'une chose n'équivaut pas à prouver une quelconque proposition par rapport à cette chose"[186]. Porphyre se trouve alors confronté à la mission d'ordonner les substances à travers un arbre constitué, en principe, d'un nombre fini de jonctions ; toutefois, au moment même de son application, l'arbre se révèle insuffisant pour résoudre les paradoxes suscités par la tentative de distinguer Dieu de l'homme, sans réussir pourtant à distinguer ce dernier du cheval. Pour que cela soit possible, l'arbre devrait s'enrichir d'ultérieures divisions, ce qui amènerait à enfreindre la condition nécessaire et suffisante de la finitude de sa structure. L'arbre risquerait donc, à terme, d'éclater en un "tourbillon infini

[185] Eco U., *op. cit.*, 2007.
[186] *Ibidem*, p. 14.

d'accidents, en un réseau non hiérarchisable de *qualia*"[187]. Le problème fondamental réside dans l'impossibilité d'échapper à la masse illimitée et désordonnée des éléments accidentels (ce qu'on appelle "différences") qui constituent la matière volubile (et vivante) de la connaissance du monde.

À partir de tout cela, Eco en déduit l'inévitabilité de l'encyclopédie, en tant que système alternatif d'organisation du savoir. Bien que l'on puisse encore identifier quelques vestiges de l'arbre de la connaissance (comme figure représentative du savoir) dans le célèbre discours d'introduction à l'*Encyclopédie*, ce sont les auteurs mêmes du monument illuministe qui revendiquent l'absence absolue de lois prédéterminées à la base de l'organisation des articles[188] : dans ce cas, le recours à l'arbre n'aurait été qu'un choix éditorial obligé (pour faciliter la gestion du contenu encyclopédique au sein d'un dispositif physique tel que le livre), plutôt qu'une véritable option épistémologique, adoptée avec conviction.

Le modèle encyclopédique, en somme, réunirait en soi, contrairement au dictionnaire, toute l'ouverture caractéristique de l'univers du savoir, faisant ainsi écho à la perspective de Copernic et à l'hypothèse de Bruno quant à l'univers physique. Toujours selon Umberto Eco, depuis Bacon, l'intention d'élever l'index encyclopédique au-dessus du statut de simple instrument d'organisation des

[187] *Ibid.*, p. 27.

[188] Pour approfondir, on peut lire le passage suivant : "[…] la forme de l'arbre encyclopédique dépendra du point de vue qu'on adoptera pour observer l'univers de la culture. Il est donc envisageable qu'ils y aient tant de différents systèmes de connaissance humaine que de globes de différentes projections…" contenu dans le *Discours préliminaire des éditeurs*, *Encyclopédie ou discours raisonné des sciences, des arts et des métiers, par une Société de gens de lettres*, in Pons A., *L'avventura dell'Enciclopedia*, in *Enciclopedia*, vol. I, Milano : Feltrinelli, 1966.

articles se serait progressivement affirmée ; cependant, l'encyclopédie témoignerait plutôt d'une prise de conscience : toute tentative de rassemblement du savoir mondial en une forme hiérarchisée et préétablie est vaine. C'est pourquoi, au sein du modèle encyclopédique, "*invenire* ne signifie plus *trouver* quelque chose que l'on connaissait déjà, rangé dans sa cellule attitrée, pour l'utiliser à des fins argumentatives, mais réellement *découvrir* quelque chose, ou la relation entre deux ou plusieurs choses, que l'on ne connaissait pas encore"[189]. L'aspect touffu, typique des encyclopédies baroques, résulterait de la volonté explicite des créateurs d'échapper à tout type de structure arborescente préétablie, préférant alors accumuler des notions sans logique apparente, afin de laisser au lecteur la liberté de cueillir les éventuelles relations cachées dans l'Être. Quant au contenu des encyclopédies, le savoir diffus semblerait se rapprocher du format du *regestum*, tel qu'il fut créé par Pline l'Ancien :

> « L'encyclopédie n'a pas pour but de transcrire ce qui est en réalité, mais ce que les gens estiment traditionnellement qu'il y ait de réel, et, par conséquent, tout ce qu'une personne instruite devrait savoir, non seulement pour comprendre le monde, mais aussi pour comprendre les discours sur le monde. »[190]

Sans trop s'efforcer de donner au lecteur un exemple d'organisation du savoir, l'encyclopédie se présente comme "une 'carte' de territoires variés, aux confins irréguliers et souvent vagues" : en d'autres termes, aucune priorité n'est donnée à la distinction entre informations scientifiquement prouvées et connaissances véhiculées par la tradition : tous les contenus sont au même niveau ontologique. La perspicacité méthodologique de distinguer les notions légendaires de celles fondées sur des preuves vérifiables ne deviendrait explicite et urgente qu'avec

---

[189] Eco, *op. cit.*, 2007, p. 44.
[190] *Ibidem*, p. 35.

Bacon, soit au moment où se développe une nouvelle *épistèmè*, caractérisée par la conscience de la différence ontologique entre entités fictives et réelles.

La thèse de fond que nous avons l'intention de soutenir, c'est que l'arrivée du réseau hypertextuel (et donc de l'"ordre de troisième degré") a déterminé l'essor d'une morphologie du savoir fondée sur le dépassement définitif du principe de *représentation unique* de la connaissance. Ce que l'on trouve déjà en germe dans le modèle encyclopédique, comme tendance culturelle étalée sur une longue durée, atteint sa maturité dans le réseau hypertextuel, devenant alors un trait constitutif de la morphologie du savoir contemporain : une connaissance à la silhouette désarticulée et fragmentée, au sein de laquelle les parcours conceptuels se développent *a posteriori*, au cours de la navigation sur Internet. Tout en conservant, dans une certaine mesure, le même esprit de découverte caractéristique des encyclopédies de la Renaissance[191], l'infosphère digitale préfère une forme inédite d'"exploration par dérive" : comme un naufragé à la dérive, l'individu qui interroge le réseau ne possède pas de carte qui lui permette de tracer un parcours avec un point de départ et une destination ; on fait alors l'expérience d'une véritable "épistémologie et euristique *naïve*"[192]. Les connaissances, converties en fragments de code binaire, peuvent être réutilisées et combinées en un tout autre contexte par rapport à la situation de départ, ou bien à l'intérieur d'un registre de communication différent de celui qui avait été initialement prévu. La fragmentation n'exclut pas la reconstruction, par accumulation de fragments, d'un patrimoine important ; toutefois, c'est en cela que réside un profond changement : les connexions entre les morceaux du savoir n'obéissent pas à la nécessité, mais sont plutôt déterminées selon un

---

[191] *Ibidem.*
[192] Simone R., *op. cit.*, p. 147.

processus personnalisé de bricolage. Il ne faut pas non plus oublier que la nature "liquide" du médium numérique entraîne un phénomène de porosité dans le rapport entre contenant et contenu de la connaissance :

> « [...] à terme, on peut même constituer un corps assez volumineux d'informations et de connaissances dont personne ne connaît les sources, ni les relations internes ou le contexte. »[193]

Le *corpus* du savoir, formule chère à la culture occidentale jusqu'à la moitié du XXe siècle, aurait donc éclaté en une galaxie de fragments : avec le passage des atomes aux *bits*, il n'y aurait même plus besoin d'un consensus unanime pour une seule architecture universelle d'organisation de la connaissance ; il serait en effet possible de "créer des catégories sur-mesure, qui puissent s'adapter à notre manière de penser"[194].

Au fond, au début du XXe siècle, Georg Simmel observait déjà :

> « Dans tous les cas, l'individu est toujours moins en mesure de faire face au développement tentaculaire de la culture objective. Peut-être moins au niveau conscient qu'au niveau de la pratique et des sentiments confus qui en dérivent, il est réduit au stade de *quantité négligeable*, à un grain de poussière face à l'immense organisation des choses et des forces, qui le dérobent petit à petit de tous les progrès, les idéaux et les valeurs, pour les transférer d'une forme de vie subjective à celle d'une vie purement objective. »[195]

Le passage à une forme de "savoir sans liens"[196] est d'ailleurs connecté à un phénomène de multiplication des sources, qui assume dans l'infosphère digitale des proportions incommensurables par rapport aux périodes historiques précédentes. Prenons, par exemple, les nom-

---

[193] *Ibidem*, p. 146.
[194] Weinberger D., *op. cit.*, 2007, p. 145.
[195] Simmel G., *Les grandes villes et la vie de l'esprit*, Paris : Petite Bibliothèque Payot, 2013, p. 54.
[196] Simone R., *op. cit.*, p. 151.

breuses banques de données et les archives publiques et privées, qui gardent de vastes portions de la mémoire historique de l'humanité [197], et qui sont désormais disponibles en ligne : la valeur inestimable de chacun de ces dépôts de connaissances rendrait extrêmement difficile de définir le degré d'autorité majeur ou mineur d'une source par rapport à une autre.

Si, donc, les possibilités de donner un sens au monde sont infinies, comme sont infinis les points de vue en jeu (rappelons-nous de la théorie des mondes infinis de Bruno), le changement morphologique du savoir comporte la déstabilisation du principe d'intermédiation de la connaissance, tel qu'il existait dans les formes historiques que les sociétés occidentales ont construit au cours du temps : en effet, la possibilité, pour chaque agent humain, de se transformer en une source d'informations au sein de l'infosphère[198], rend les processus de vérification de la qualité et de l'authenticité des contenus culturellement lents, jusqu'à les vider, en apparence, de leur fonction initiale. Dans le cyberespace, l'agent humain fait l'expérience d'une organisation de l'espace de l'information radicalement différente de celle propre au monde physique : l'ubiquité et la multidimensionnalité des *bits* sont telles que la structure *top-down* typique des arbres de la connaissance tend à céder la place à des

[197] On peut citer à cet égard plusieurs projets exemplaires tels que Europeana – www.europeana.eu – archive multilingues de ressources culturelles digitales européennes ; World Digital Library – www.wdl.org – bibliothèque digitale mondiale ou encore Cultura Italia – www.culturaitalia.it – base de données donnant accès aux ressources digitales italiennes.

[198] Comme déjà évoqué auparavant, il s'agit du phénomène du soi-disant *User Generated Content* ou contenu généré par l'utilisateur au sein des différents plateformes de distribution, mises à disposition sur la toile : forums de discussion, *social network*, blog.

formes *bottom-up* en mutation permanente, en fonction des interactions avec les agents.

> « Bienvenue dans la vie du savoir après la chute de son étagère. Il est cité à tout va, dégradé, amélioré, incorporé, véhiculé à travers d'innombrables incompréhensions et assimilé jusqu'à devenir invisible. […] Lorsque le processus de connaissance se réalise en ligne, parmi nous, avec une section réservée aux commentaires et une profusion de liens vers d'autres opinions, il n'est plus possible de séparer "le savoir de l'œuvre" du "savoir comme il a été compris". »[199]

Avec l'avancée d'une nouvelle configuration du savoir en ligne, on assiste, en parallèle, à l'émergence d'une "sémantique imparfaite"[200], instable et déstructurée (du moins du point de vue des organisations *top-down* du savoir), qui est le reflet de dynamiques improvisées de l'action collective en ligne. Si l'on considère, par exemple, les pratiques du *tagging*[201], en usage dans des plateformes telles que Flickr[202] ou du *syndication*[203], on remarque comment les processus d'agrégation des agents en une collectivité se réalisent de manière imprévisible, pour atteindre des objectifs à court terme (taguer une image puis abandonner

---

[199] Weinberger D., *op. cit.*, 2014, p. 145.
[200] Ciastellardi M., *op. cit.*, p. 171.
[201] La pratique du *tagging* fait référence à la possibilité d'assigner à un morceau d'information (texte, image, son, vidéo) un terme ou mot clé, sans aucune hiérarchie prédéfinie. Devenu célèbre dans le cadre du Web 2.0, le taggage constitue la forme plus connue de contenu généré par des internautes non spécialistes, et devrait permettre de rendre plus accessible la récupération de l'information, grâce à l'utilisation de vocabulaires "quotidiens".
[202] Le service en ligne Flickr – www.flickr.com – donne l'opportunité de publier et partager gratuitement photos et vidéos auto produits. En 2011, le site aurait touché le nombre de 6 milliards de photos téléchargées et archivées dans sa propre base de données.
[203] Le mot anglais *syndication* indique la technique de diffusion de contenus par le biais de formats de données spécifiques – RSS ou Atom étant les plus répandus –, qui en rendent possible la consommation de façon capillaire.

la page web qui l'héberge) ; par ailleurs, la même dimension sémantique se place à l'intérieur d'un domaine qui ne connaît pas la rigidité des systèmes érudits d'organisation du savoir. L'action qui consiste à mettre une étiquette sur une source d'informations n'est pas complètement prédéterminable, et garde une certaine marge de liberté : l'utilisateur du réseau, en effet, peut appliquer une série infinie, bien que subjective, de critères de valeur. Le résultat de ce phénomène est la formation de véritables formes épistémiques de type *bottom-up*, qui sont imparfaites au niveau sémantique, dans la mesure où il devient impossible de prévoir, d'un point de vue linguistique ou sémiotique, où se termine un domaine de connaissance et où commence un autre, et quelles entités appartiennent à l'un plutôt qu'un autre. On peut identifier des modèles explicatifs de ce qui a été décrit plus haut dans le service *Google Trends*[204], dont le rôle est de restituer en modalité visuelle l'ensemble des termes les plus recherchés en un temps donné, ou bien dans les plus communs "nuages d'étiquettes" ou *tag cloud*, conglomérat de termes de différente dimension visant à représenter le degré de popularité au sein d'un domaine thématique donné ou d'une communauté d'utilisateurs.

À partir du moment où : a) les schémas hiérarchiques résultants sont inaptes à décrire de manière univoque la masse d'informations disponibles en ligne ; b) les relations entre les acteurs en jeu donnent vie à des collectivités précaires (génératrices de sémantiques horizontales et désordonnées par rapport aux canons traditionnels), on

[204] Le service en ligne *Google Trends*, qui récupère et représente visuellement par un effet de "mur de photos" les mots les plus recherchés par les internautes lors de la dernière année, à échelle aussi bien globale que locale : ce qui en ressort est une représentation déstructurée des informations les plus recherchées par la population de la toile.

pourrait en conclure assez brusquement que les hiérarchies de construction du savoir (et donc du pouvoir) auraient tendance à s'inverser, en faveur d'une nouvelle configuration que l'on pourrait décrire par la métaphore d'"architecture liquide" :

> « Liquid architecture is an architecture that breathes, pulses, leaps as one form and lands as another. Liquid architecture is an architecture whose form is contingent on the interests of the beholder; it is an architecture that opens to welcome me and closes to defend me; it is an architecture without doors and hallways, where the next room is always where I need it to be and what I need it to be. »[205]

La dimension antithétique des deux termes rend le dispositif conceptuel de l'architecture liquide particulièrement seyant, pour rendre compte de l'essence problématique d'une connaissance en ligne fuyante et incertaine : ce concept, en effet, permet d'exprimer la transformation de la pensée et des modes de construction des objets de la connaissance, à la lumière des connexions actives entre les utilisateurs. Toutefois, par rapport à l'idée d'une modernité liquide[206] (qui apparaît en continuité avec l'oxymore d'une "architecture liquide", étant donnée la crise des catégories qui déterminent l'être moderne – il suffit de penser, par exemple, au réseau hypertextuel comme agent de transformation des relations sociales contemporaines), l'architecture liquide revendique une légitimité propre et autonome : par rapport au paradigme épistémique que nous analysons ici, elle vise à prendre en considération les interactions bidirectionnelles entre l'agent, pris dans sa dimension sociale, et le contexte, considéré à la fois comme environnement (le réseau) et

---

[205] Novak M., *Liquid Architectures in Cyberspace* (1992), in Benedikt M. (edited by), *op. cit.*, p. 250
[206] Bauman Z., *op. cit.*

comme instrument d'articulation de la pensée et de transmission du savoir (l'hypertexte).

4.2. L'intelligence collective versus l'irrationalité des foules

Le modèle dénommé *Read-Write-Web*[207] représente de manière emblématique la superposition des expériences d'écriture et de lecture, rendue possible par le système de l'hypertexte : or, tout ceci comporterait un *éboulement* de la structure traditionnelle de l'intermédiation, telle qu'elle est instituée dans le contexte du livre. Dans cette "ère tardive de la presse"[208], dans laquelle la figure de l'auteur ne semble pas être définitivement morte[209], mais sans doute en crise, il est nécessaire de redéfinir un principe annexe, soit celui de l'*auctoritas*. Si la pratique hypertextuelle, à la base de toute création de contenu en ligne, a rendu définitivement obsolète l'idée d'une *œuvre fermée*, avec la transformation du Web en un médium de masse, toutefois, il est devenu très difficile d'évaluer la qualité des informations disponibles :

> « Chez Google, typiquement, figurent parmi les premiers résultats les articles de Wikipédia et les *posts* de quelques blogs, puis, en fin de liste, peut-être, les ressources qui, auparavant, auraient sûrement été consultées, car elles bénéficiaient de plus d'autorité. Nous

[207] Le *read-write web* indique l'usage du réseau comme plateforme, déjà évoqué par O'Reilly, créateur de la formule Web 2.0 : cela indiquerait la possibilité pour l'internaute d'écrire (en vue d'une publication directe) ou de lire les contenus.
[208] Bolter J. D., *Writing Space. The Computer, Hypertext and the History of Writing*, London : Routledge, 1991.
[209] Barthes R., *Le bruissement de la langue. Essais critiques IV*, Paris : Seuil, 1993.

sommes entrés dans l'ère où l'autorité et la fiabilité sont devenues tout à fait incertaines. »[210]

Nous serions alors en train d'assister à un paradoxe inédit : la désintermédiation (comme processus d'élimination des intermédiaires) aurait été amorcée par Internet lui-même, le plus récent des médias (et donc des intermédiaires) dans l'histoire de la communication de masse[211]. L'idée que le réseau puisse rogner le pouvoir des institutions centrales en transférant les compétences aux personnes communes (*folk*, dans le jargon des fanatiques du Web 2.0) constitue l'axe central du discours actuel sur la crise de l'autorité des médias traditionnels, en faveur de l'apparition de nouvelles formes d'information[212]. Avec le bouleversement des logiques *top-down* de production et de distribution des informations, la conversation entre individus deviendrait alors le nouveau paradigme communicationnel[213], fondé sur les mécanismes propres au réseau hypertextuel.

Dans le cadre d'un scénario de crise des processus et des agents d'intermédiation traditionnelle, comment distinguer ce qui est digne d'être connu de ce qui ne l'est pas ? Les plus optimistes estiment qu'un mécanisme de filtrage demeure quand même, avec la différence que ce-

---

[210] Metitieri F., *Il grande inganno del Web 2.0,* Roma-Bari : Editori Laterza, 2009, p. 31.

[211] Pariser E., *Il Filtro. Quello che Internet ci nasconde*, Milano : Il Saggiatore, 2012.

[212] On peut prendre en guise d'exemples les phénomènes du *Citizen Journalism* et du *Self Publishing :* le premier signifie la capacité généralisée, propre aux citoyens, dotés de dispositifs connectés au réseau (*smartphones* et ordinateurs portables), de récolter, analyser, reporter et publier des nouvelles et actualités. Le deuxième fait référence à la possibilité donnée à chaque internaute de publier des textes autographiés, soit en ligne ou sur papier, sans passer par le filtre éditorial.

[213] Levine R., Locke C., Searls D., Weinberger D., Jake M., *The Cluetrain Manifesto*, New York : Basic Books, 2009.

lui-ci n'agirait plus *a priori*, par rapport au domaine de la génération des contenus et de la construction du canevas de la connaissance. Selon cette perspective, en effet, la crédibilité d'un contenu ne serait plus exclusivement fondée sur la renommée de la source d'information (pensons, par exemple, au titre d'un journal) ; d'autres sources, bien que privées de cette autorité attribuée aux agents traditionnels de l'intermédiation, seraient en mesure de garantir une même valeur d'authenticité quant aux contenus diffusés. Le filtre opérerait donc *a posteriori*, une fois les contenus publiés et disponibles en ligne, sous le contrôle croisé de collectivités d'utilisateurs. Comme il a été remarqué, la stratégie appliquée consiste donc à filtrer *en sortie* plutôt qu'*en entrée*, pour que quiconque puisse bénéficier de cette abondance générée par la masse d'informations en libre circulation. Pour Weinberger, qui figure parmi les plus grands défenseurs de cette vision, renoncer au contrôle du filtre *a priori* signifie créer les conditions pour la construction de diverses et innombrables organisations de la connaissance, chacune avec une représentation du monde porteuse de sens pour un quelconque individu :

> « Pour cette raison, il est enrichissant de laisser les utilisateurs brasser les contenus. Entrez dans une boutique vestimentaire dans le monde réel et essayez de prendre dans les rayons tous les vêtements de votre taille, pour les examiner dans l'ordre. Après tout, c'est la procédure la plus rationnelle : tout ce qui n'est pas de votre taille n'est qu'une interférence, une distraction. [...] En ligne, par contre, nous exigeons de pouvoir organiser les informations à notre manière, à travers les *tags*, marque-pages, *playlists* et blogs, et de les intégrer en exprimant notre désaccord. »[214]

Il ne nous échappe pas que la structure entière de ce discours repose sur l'hypothèse que la sagesse collective soit à l'œuvre pour organiser la masse des informations.

---

[214] Weinberger D., *op. cit.*, 2007, pp. 149-150.

À ce propos, il est opportun de se référer à la très célèbre théorie de l'*intelligence collective* élaborée par Pierre Lévy dans l'essai homonyme publié dans la deuxième moitié des années 1990 : se développant autour de l'essor prometteur du World Wide Web, la réflexion de Lévy s'est immédiatement teinte d'un remarquable optimisme, parfois dépassant dans le techno-utopisme quant aux possibilités offertes par la technologie du réseau pour donner au genre humain de "nouvelles structures de communication, de régulation et de coopération, des langages et des techniques intellectuelles inédites, le changement des rapports avec le temps et l'espace"[215]. Pour Lévy, il n'y a aucun doute : l'arrivée du World Wide Web est une occasion pour que l'humanité *entière* puisse progresser sur le parcours de l'évolution historique, en assumant pleinement le contrôle, sans être hétéro-dirigée par des élites technocratiques. Le point d'arrivée de cette soi-disante mutation anthropologique (Lévy parle de "nomadisme" pour signifier le passage à travers différentes formes d'humanité) coïnciderait avec la constitution d'une humanité "augmentée", née de la réappropriation collective du savoir. Ni la presse ni la télévision ne sauraient être les médias idéaux pour réaliser le passage vers une intelligence collective, mais bien le recours aux technologies réticulaires :

> « Clairement, cette nouvelle dimension de la communication devrait nous permettre de partager nos connaissances et de nous les signaler mutuellement, ce qui représente la condition fondamentale de l'intelligence collective. »[216]

Conscient d'une inaccessibilité *de facto* persistante à un patrimoine immense de connaissances (à cause des inégalités structurales de la société humaine et de la pluie incessante de données et d'informations qui fait précipiter

---

[215] Lévy P., *op. cit.*, p. 15.
[216] *Ibidem*, p. 21.

leur degré de signification), Lévy introduit la notion d'"espace du Savoir"[217] : en son sein, chacun peut donner sens aux informations récoltées au travers des interactions avec d'autres agents, "selon des intérêts, des compétences, des projets, des moyens et des identités réciproques"[218]. Loin d'être un pur objet de spéculation, l'espace du savoir est présenté comme un projet politique et social : les technologies digitales de la communication opèreraient pleinement pour sa création, puisqu'elles constitueraient des instruments favorisant le développement de collectivités intelligentes, au sein desquelles chaque être humain aurait la possibilité d'étendre son potentiel social et cognitif. En assumant que le savoir soit un pilier sur lequel établir des liens sociaux, Lévy imagine une société centrée sur l'apprentissage entre personnes. Le Savoir, par conséquent, est l'axe autour duquel le philosophe a l'intention de construire l'identité sociale des individus :

> « Les identités deviennent alors identités du savoir. Les conséquences éthiques de ce nouvel aspect de la subjectivité sont immenses : qui est l'autre ? Quelqu'un qui sait. Et qui connaît des choses que je ne connais pas. L'autre n'est plus une entité terrifiante et menaçante : comme moi, il ignore beaucoup de choses et en maîtrise quelques-unes. Mais puisque les domaines respectifs d'inexpérience ne coïncident pas, l'autre représente une source potentielle d'enrichissement de ma propre connaissance. »[219]

En faisant appel à de telles prémisses, Lévy parvient à définir, en des termes bien vagues, il faut bien le dire, l'objet principal de sa réflexion, l'*intelligence collective* :

---

[217] Les rappels à la noosphère de Vernadky et De Chardin sont assez récurrents dans la pensée de Lévy autour de l'intelligence collective.
[218] *Ibidem*, p. 30.
[219] *Ibidem*, p. 32.

> « C'est une intelligence distribuée partout, constamment valorisée, coordonnée en temps réel, qui amène à une mobilisation effective des compétences. »[220]

Selon Lévy, le savoir (qui est multiforme et ne se limite pas à l'idée traditionnelle de la *Paideia*) cesse d'être hors de l'homme, pour se placer à son intérieur : si chacun est porteur d'un patrimoine de connaissances, alors l'intelligence née d'une collectivité pourra être horizontale et surtout *omniprésente*. Cependant, la simple distribution de l'intelligence multiforme entre les membres d'un groupe n'implique pas nécessairement sa mise en valeur. En ce sens, les technologies numériques de communication constituent justement ce *quid* qui peut permettre à des communautés décentralisées de coordonner leurs interactions internes, voire d'activer des compétences cachées.

Défini par son auteur même comme un "projet de civilisation", le concept d'intelligence collective a eu le mérite certain de formaliser pour la première fois la tendance sociale, née avec la diffusion du réseau, de remettre en discussion les anciens équilibres hiérarchiques, en faveur de dynamiques de co-création horizontale de la connaissance. Cela dit, il est impossible d'ignorer le ton excessivement optimiste du système conceptuel de Lévy : comme il l'admet lui-même, l'intelligence collective s'inscrirait dans la continuité du rêve des Lumières, qui préconise une humanité libérée de l'ignorance et de l'oppression exercée par la Tradition. Dans les limites d'une vision aux contours vaguement historicisés (nous nous référons ici à l'idée de Lévy d'un développement du genre humain d'une durée de quatre phases ou espaces, plus ou moins consécutifs), Lévy semble concevoir l'intelligence collective comme une "main invisible", par laquelle le jeu des interactions entre agents aboutirait naturellement à une autorégulation, au bénéfice de tout le

[220] *Ibidem*, p. 34.

système. À l'objection selon laquelle des phénomènes négatifs comme le *trolling*[221] peuvent miner durablement le "bien-être" de la collectivité (il suffit de penser, par exemple, aux incursions d'utilisateurs anonymes qui publient de fausses informations dans les profils publics de Wikipédia), Lévy semble répondre en faisant appel à une éthique, dont il ne donne pourtant pas assez d'éléments pour en évaluer la solidité :

> « Je crois que le véritable et authentique acte de communication soit celui qui permette de construire, grâce à la coopération, un univers commun de significations, dans lequel chacun puisse se situer. Personne n'est obligé à partager les idées des autres : simplement, on participe à un même univers de significations, à un même contexte. Selon mon mode de pensée, il ne s'agit pas du tout d'arriver à un consensus, pour faire en sorte que la majorité gouverne. Cette dernière est, en quelque sorte, la démocratie représentative classique. Je crois, au contraire, que chacun puisse, à travers ce système, prendre position en développant une argumentation tout à fait individuelle. Il pourrait aussi y avoir des majorités, autant de majorités qu'il y a de problèmes. Et cela fera en sorte qu'un individu puisse avoir, sur un problème donné, une certaine position, tandis qu'il adoptera une autre opinion sur un autre problème, sans être simplement inclus dans une vaste catégorie massive de personnes qui partagent toutes les mêmes idées. Au contraire, il est possible d'obtenir des différentiations très subtiles. »[222]

D'un point de vue plus général, il est opportun de garder à l'esprit que l'idée d'une intelligence collective n'est pas exempte d'aspects problématiques, surtout lorsqu'elle est confrontée aux réflexions sociologiques développées simultanément à l'émergence de la société de masse. À ce propos, deux axes critiques majeurs peuvent être opposés

[221] Dans le jargon de la toile, le mot anglais *troll* désigne la personne qui lance avec insistance des messages provocateurs et outranciers, dans le but de semer le désaccord dans la communauté (par exemple, un forum de discussion) et créer des débats inutiles.
[222] *Ibidem*.

à l'idée d'une intelligence collective : le premier, de matrice libérale, est centré sur l'accusation selon laquelle l'individualité serait anéantie au sein de l'organisme collectif, au détriment de sa créativité et de sa liberté. La deuxième tendance (dont la *Psychologie des foules*, filon de la sociologie française de la moitié du XIXe siècle, a élaboré le point de vue le plus sophistiqué) insiste plutôt sur l'absence de rationalité de l'action proprement collective. Alors que la philosophie des Lumières revendiquait le rôle primaire de la *Raison* comme moteur de transformation de la société humaine vers le progrès, les psychologues des foules situent l'action collective dans une dimension nettement irrationnelle. Persuadé que les masses étaient mues en grande partie par des "forces irrationnelles, émotives, inconscientes et incontrôlables"[223], Gustave Le Bon, le plus grand représentant de la psychologie des foules, estimait que :

> « Les foules ont toujours joué dans l'histoire un rôle important, jamais cependant aussi considérable qu'aujourd'hui. L'action inconsciente des foules, substituée à l'activité consciente des individus, représente une des caractéristiques de l'âge actuel. »[224]

La pensée de Le Bon est en somme fondée sur l'équivalence selon laquelle la raison appartient à l'individu comme l'irrationalité à l'action collective :

> « Par le fait seul qu'il fait partie d'une foule, l'homme descend donc de plusieurs degrés sur l'échelle de la civilisation. Isolé, c'était peut-être un individu cultivé, en foule c'est un instinctif, par conséquent un barbare. Il a la spontanéité, la violence, la férocité, et aussi les enthousiasmes et les héroïsmes des êtres primitifs. »[225]

Malgré sa critique virulente de la "foule psychologique", Le Bon finit par rendre objective, en quelque sorte, l'intuition d'un esprit collectif autonome, en la définissant

---

[223] Izzo A., *op. cit.*, p. 171.
[224] Le Bon G., *Psychologie des foules*, Paris : PUF, 1998.
[225] *Ibidem*, p. 14.

par l'expression "âme collective" : en réifiant cette dernière, il en fait un *quid* social digne d'être analysé avec les méthodes et les techniques de la sociologie positiviste du XIXe siècle, soit par l'observation et l'identification des caractéristiques générales d'une foule, pour ensuite distinguer les caractères, en genre et en espèce, qui différencient les collectifs. Ce n'est pas un hasard si la principale contribution de Le Bon à la sociologie et à la psychologie sociale se focalise surtout sur l'importance, tout à fait originale, donnée à l'inconscient à échelle sociale, suscitant à ce propos les réactions positives de Freud lui-même[226]. D'opinion semblable à celle de Le Bon, Gabriel Tarde [227], un autre psychologue des foules, élève l'imitation au statut de loi régulatrice des interactions sociales, mais en lui conférant un caractère inconscient, plutôt qu'en faire le résultat d'un choix rationnel : l'imitation serait un mécanisme qui aurait à ses extrémités l'*imité* (l'individu génial, issu d'une élite – le militaire, le scientifique, l'inventeur) et l'*imitant*, soit l'homme de la foule. Ce dernier n'aurait aucune rationalité et agirait comme sous hypnose, dans la vaine tentative d'atteindre le même statut d'élite.

Les positions exprimées dans le cadre de la psychologie des foules reposent sur une orientation culturelle très diffuse dans les moments historiques de passage, où s'esquisse sur des tons mélancoliques la conscience, chez les élites traditionnelles, d'une profonde transformation des structures de gestion et de diffusion de la connaissance. Parallèlement, elles anticipent de nombreuses positions contemporaines, également critiques vis-à-vis du paradigme nommé *wikinomics* [228], modèle tout à fait

[226] Izzo A., *op. cit.*, p. 172.
[227] Tarde G., *Les lois de l'imitation*, Paris : Les empêcheurs de penser en rond, 2001.
[228] Tapscott D., Williams A. D., *op. cit.*

contigu à celui de l'intelligence collective. Un fil rouge, en effet, unirait la littérature à cheval du XIXe et du XXe siècle sur l'irrationalité des foules et les positions, toujours aussi polémiques par rapport à la tant célébrée intelligence collective, soutenues de nos jours par des penseurs américains comme Nicholas Carr[229] et Andrew Keen[230]. Le premier, par exemple, lance une attaque contre la dénommée *peer production,* processus de création paritaire et participative de la connaissance à l'origine d'"œuvres" louables, comme le logiciel à code ouvert *Linux* ou l'encyclopédie collaborative *Wikipédia.* En déplorant la mauvaise qualité des articles qui composent l'édition américaine de Wikipédia, Carr dénonce l'absence d'une autorité centrale responsable de la supervision et du filtrage de ce qui est écrit et publié :

> « Individual articles are often poorly written and badly organized, and the encyclopedia as a whole is unbalanced, skewed toward popular culture and fads. It's hardly elitist to point out that something's wrong with an encyclopedia when its entry on the Flintstones [célèbre série télévisée animée nord-américaine des années soixante, nda] is twice as long as its entry on Homer. »[231]

Suivant la même trajectoire critique, Keen constate que la multiplication des sources d'information (parmi lesquelles nous signalons les portails et les blogs d'information) n'entraînerait aucune connaissance de meilleure qualité. Au contraire, le phénomène dit "sacre de l'amateur en masse" comporterait une dégradation du savoir, jusqu'à l'aplatir au goût de la foule :

---

[229] Carr N. G., "The Ignorance of Crowds", in *Strategy & Business*, n. 47, 2007. Disponible à l'adresse : http://www.strategy-business.com/article/07204?pg=all (consulté le 27/11/2018).
[230] Keen A., *The Cult of the Amateur. How Today's Internet Is Killing Our Culture,* New York : Doubleday, 2008.
[231] Carr N. G., *op. cit.*

> « What the Web 2.0 revolution is really delivering is superficial observations of the world around us rather than deep analysis, shrill opinion rather than considered judgment. »[232]

Sur les traces de Le Bon et Tarde, Keen revendique le besoin de gardiens ou *gatekeepers*, capables d'assurer un contrôle de qualité sur les contenus générés par la masse : toutefois, il ne définit pas les critères fondamentaux pour élaborer une sorte de carte éditoriale, applicable à la production des informations en ligne.

4.3. La sagesse des foules et les élites cachées

Sur la base de ce qui a été constaté jusqu'ici, une autre interrogation se pose : le réseau hypertextuel, par cette intelligence diffuse qui appartient à la masse d'utilisateurs, aurait-il *enfin* vidé de tout sens le concept d'*élite*, et par là même la fonction d'intermédiation culturelle ? En d'autres termes :

> « Qu'en est-il alors du métier de l'intellectuel (ou mieux encore, des métiers), dans un tel scénario ? »[233]

Afin d'apporter une réponse à cette question, nous analyserons une fois de plus le cas exemplaire de Wikipédia et de son modèle collaboratif.

Toutes les versions linguistiques de la célèbre encyclopédie collaborative en ligne se déclarent accessibles à l'écriture : cela signifie que tout individu possédant un profil enregistré pourrait y contribuer, en créant un nouvel article ou bien en modifiant une définition déjà existante ; peu importe s'il s'agit d'un académicien reconnu, d'un simple passionné de la matière ou d'un utilisateur lambda du réseau. Cette facilité si encensée de la contribution active à la croissance et à

---

[232] Keen A., *op. cit.*

[233] Carlini F., *Lo stile del Web*, Einaudi, Torino, 2006, p. 166.

l'amélioration de l'encyclopédie se confronte, pourtant, en premier lieu, à une médiation avec le logiciel, qui exige, dans ce cas précis, une certaine maîtrise de la "syntaxe wiki"[234] : à l'exception de ceux qui possèdent déjà une bonne connaissance informatique, la plus grande partie des contributeurs potentiels doit apprendre à utiliser un langage artificiel pour éditer ce qu'ils écrivent. Ensuite, il y a un ensemble de règles, de principes généraux dictant ce qu'il est légitime ou non d'écrire, voire même des guides pratiques pour la contribution : tout ceci constitue un "méta-savoir" préliminaire, dont l'apprentissage est obligatoire – faute de quoi, les contenus rédigés risqueraient d'être rejetés et le profil du contributeur ignorant éliminé. L'ensemble de ces aspects devrait suffire en soi à montrer comment le besoin croissant d'une organisation au sein de l'encyclopédie libre Wikipédia ait déterminé la mise en place de filtres discrets en entrée, qui en restreignent l'accès, même involontairement, à une élite d'initiés. Il a justement été remarqué que le tissu social du "peuple de Wikipédia" est loin d'illustrer les idéaux d'accès universel, déclamés dans le projet de l'encyclopédie libre :

> « Le groupe des éditeurs engagés reste assez restreint, malgré la fantastique progression de l'encyclopédie : plus de la moitié des contributions sont effectuées par moins d'un pour cent des usagers. Les contributeurs engagés, conscients des règles, surveillent en permanence un certain nombre d'articles. Ils tiennent le chaos à distance et établissent des barrières à l'entrée. L'encyclopédie collaborative reproduirait les divisions existantes entre une élite active et la masse des consommateurs […]. »[235]

---

[234] *Wiki* signifie une typologie de site web, dont le contenu et la structure sont modifiables par les utilisateurs, permettant ainsi une expérience pleinement collaborative.

[235] Foglia M., *Wikipédia. Média de la connaissance démocratique ?*, FYP Editions, Limoges, 2008, p. 169.

La composition sociale de cette élite active présenterait à son intérieur les mêmes profils que le sens commun attribue à la classe intellectuelle et technoscientifique active dans le monde externe au réseau : personnel académique, professeurs, ingénieurs spécialisés. On pourrait donc en conclure, à l'instar de ce qui est arrivé avec les autres médias, que les plateformes sociales n'échappent pas au mécanisme de stratification des rôles, avec la création d'un écart progressif entre une masse de consommateurs de contenus et une minorité restreinte, responsable de la rédaction et du filtrage éditorial des articles encyclopédiques (ainsi que de leur organisation).

Il semblerait, donc, que la persistance d'une élite entre sujets agissant dans les dynamiques de construction et d'organisation de la connaissance soit hors de doute ; ce n'est pas pour autant que le modèle de l'intelligence diffuse s'écroule : par rapport au paradigme de Lévy, nous estimons que le concept de "sagesse des foules"[236], développé par le journaliste et écrivain James Surowiecki, soit plus adapté. Le mérite de ce modèle théorique est d'analyser, à travers des situations concrètes, le comportement de *foules* de nature et de dimensions variées, confronté à un problème à résoudre. La thèse de Surowiecki, que nous souhaitons ici adopter, affirme qu'en présence de certaines propriétés, des groupes peuvent élaborer des stratégies résolutives efficaces, se montrant parfois aussi intelligents, voire plus, que des experts isolés.

Surowiecki part de l'hypothèse, formulée par le sociologue et économiste Herbert Simon, selon laquelle l'agent humain serait doué d'une rationalité limitée ; par conséquent, le processus décisionnel serait aussi conditionné par

[236] Surowiecki J., *La sagesse des foules*, Jean-Claude Lattès, Paris, 2008.

une bonne dose d'impondérabilité et par d'autres facteurs irrationnels :

> « [...] le choix est rationnel lorsque, de l'avis même de celui qui le fait, il paraît comme le plus adéquat à atteindre une fin. La rationalité semble donc garantie par la conviction subjective de l'adéquation du choix à la fin visée ; la rationalité concerne l'efficacité du moyen, et non la fin en tant que telle. »[237]

En étendant le domaine du concept de foule, Surowiecki peut ainsi se référer à des entités sociales très différentes, des marchés financiers aux laboratoires scientifiques, des entreprises aux embouteillages ; cependant, elles possèdent toutes la "capacité d'agir de manière collective pour la prise de décision et la résolution des problèmes"[238], sans que ses membres en soient pour autant individuellement conscients.

Comme il a été dit, la sagesse de la foule n'est pas donnée *a priori*. Elle dépendrait plutôt de la présence de certaines conditions, sans lesquelles le groupe pourrait difficilement, voire pas du tout, prendre des décisions adéquates aux problèmes présentés :

> « La diversité et l'indépendance sont importants, parce que les meilleures décisions collectives naissent du désaccord et de la dispute, et non du consensus et du compromis. »[239]

Surowiecki repère quatre conditions déterminantes pour la sagesse de la foule :

1. La diversité d'opinion ;
2. L'indépendance du jugement ;
3. La déconcentration ;
4. L'agrégation.

La diversité d'opinion empêcherait une trop grande uniformité d'intentions qui pousserait le groupe à toujours

[237] Izzo A., *op. cit.*, p. 121.
[238] Surowiecki J., *op. cit.*, p. 16.
[239] *Ibidem*, p. 19.

répéter les mêmes décisions, sans innover. L'indépendance du jugement, en revanche, permettrait à chaque membre de n'être pas (trop) influencé par l'opinion des autres. La déconcentration favoriserait la possibilité de mettre à profit les connaissances spécifiques de chaque membre. L'agrégation, enfin, correspondrait à ce "mécanisme capable de transformer un jugement individuel en une décision collective"[240].

Pour Surowiecki, il n'y a aucun doute que le réseau, par son refus de reconnaître toute autre autorité en dehors de lui-même, représente concrètement de nombreuses propriétés fondamentales de la sagesse des foules. Internet démontrerait en effet qu'un "système peut fonctionner correctement sans verticalité traditionnelle ni quelqu'un qui donne des ordres"[241]. Les moteurs de recherche, par exemple, permettraient justement de mettre en place ce mécanisme d'agrégation des informations qui empêcherait au réseau d'éclater en une galaxie chaotique et anarchique de données, à cause d'une déconcentration excessive. Au sein de ce réseau, l'intelligence sociale de Surowiecki ne se présente pas comme une apologie de l'homme du commun, ni de la connaissance profane contre celle, spécialisée, des experts :

> « Plus un groupe est informé, meilleur sera son jugement collectif ; il est donc important qu'il englobe le plus grand nombre possible de personnes bien informées. »[242]

L'intelligence sociale revendique plutôt le droit de ne pas se confier exclusivement aux experts, puisqu'il y aurait toujours le risque de surévaluer leur capacité à faire des choix rationnels. Cela équivaut à affirmer que le paradigme de la sagesse des foules repose sur la capacité du groupe à faire fructifier la dénommée "micro-compétence

---

[240] *Ibidem*, p. 32.
[241] *Ibidem*, p. 89.
[242] *Ibidem*, p. 285.

latente"[243], afin de résoudre les problèmes : que l'on soit un expert reconnu ou non, chacun est doué d'un mélange d'habilités souvent latentes, qui peuvent s'activer si la situation le requiert.

À ce propos, nous pouvons introduire un cas illuminant, un exemple de comment le réseau puisse incrémenter l'intelligence du groupe, en amorçant un effet d'amplification des capacités cognitives présentes dans la collectivité. En 1999, la société Microsoft organisa une partie d'échecs entre le célèbre champion mondial, Garry Kasparov, et le "Monde" : le principe de base du *match* reposait sur le fait que quiconque, en se connectant au site web de la partie, pouvait participer au *World Team*, en votant entre les différents coups proposés par la communauté[244]. La dynamique du jeu prévoyait que chaque coup soit proposé sur un forum de discussion, auquel pouvaient participer en moyenne cinq mille utilisateurs, voir plus. Constituée par un très grand nombre de participants, environ cinquante mille personnes originaires de 75 pays différents, entre amateurs et experts, l'équipe mondiale vantait une compétence en échecs tout à fait moyenne par rapport aux habilités de Kasparov : la composition de l'équipe, en effet, était extrêmement hétérogène, puisqu'il y avait aussi bien des joueurs d'échecs professionnels que des débutants aux premières armes. Avec de telles conditions de jeu, tout à fait favorables, en apparence, au champion russe (puisque chaque coup du *World Team* était discuté en public et pouvait donc être utilisé par l'adversaire en sa faveur), la partie s'est néanmoins révélée comme l'une des plus stimulantes et, selon Kasparov lui-même, l'une des plus difficiles de sa carrière. Avec une partie développée en soixante-deux coups, ce ne fut qu'au

[243] Nielsen M., *Reinventing Discovery: The New Era of Networked Science*, Princeton : Princeton University Press, 2011, p. 32.
[244] *Ibidem*, p. 19.

cinquante-et-unième que la victoire commença à pencher en faveur de Kasparov. Cette expérience a mis en lumière les paradoxes et les potentialités générés par les dynamiques de l'intelligence du groupe : il suffit de considérer, par exemple, que plusieurs coups tout à fait irréguliers obtenaient pourtant un haut pourcentage de vote, témoignant ainsi de la faible préparation d'un grand nombre des membres de l'équipe mondiale.

Un petit groupe de quatre conseillers, sélectionnés par Microsoft parmi les joueurs d'échecs les plus prometteurs au niveau mondial, avait pour mission de consulter le forum et de suggérer le coup le plus intéressant et opportun. L'intervention des conseillers était prévue avant la fermeture des votes, pour que la communauté de joueurs puisse tenir compte à la fois des discussions du forum et de l'*endorsement* des experts. L'espace de discussion devenait vite un terrain de débats enflammés et de polémiques parfois vulgaires entre les milliers de joueurs : pour cette raison, trois des quatre conseillers ne surveillaient plus le forum et agissaient indépendamment du reste de la communauté. Au contraire, le quatrième conseiller, une très jeune joueuse d'échecs des États-Unis nommée Irina Krush, était particulièrement attentive à ce qui était proposé et discuté dans le forum. Championne USA dans la catégorie féminine, Irina Krush faisait sans doute part de l'élite des jeunes joueurs d'échecs ; mais ce statut ne lui empêchait pas d'écouter les différentes propositions de jeu, sans écarter *a priori* celles des débutants, en faveur des indications des grands maîtres. Ses capacités d'écoute et d'analyse lui avaient permis non seulement de gagner une bonne réputation et une autorité au sein de la communauté, mais aussi de proposer des coups efficaces, parce qu'imprévisibles pour l'adversaire. Grâce à un arbre décisionnel librement consultable, Irina Krush avait fourni à l'équipe un instrument pour anticiper les coups et ripostes possibles, permettant au groupe de coordonner ses efforts et la communication externe. Même s'il peut sembler que le duel d'échec se réduisait parfois à l'affrontement entre deux individus (Kasparov contre Krush), en réalité, les coups donnés par le *World Team* – du dixième au cinquantième – étaient le fruit d'un processus de sélection et de vote collectifs : malgré ses propres intuitions, Irina Krush n'a pas hésité à délaisser ses idées initiales pour puiser dans les suggestions proposées par des sources différentes, qu'il s'agisse de débutants ou de grands maîtres. Les autres conseillers, inattentifs aux idées du groupe et, parallèlement, incapables de cueillir les multiples perspectives qui s'ouvraient à eux, étaient particulièrement inefficaces dans leur fonction de coordination.

Malgré le résultat final en faveur de Kasparov, l'expérience a montré deux aspects fondamentaux de la dynamique d'intelligence du groupe : en premier lieu, l'activation d'un réseau de micro-compétences latentes (soit l'habilité de chaque joueur pour un coup d'échec déterminé) a donné au groupe l'opportunité d'exprimer une réelle intelligence, capable de se confronter au champion russe. Ensuite, le rôle de "filtre", joué par Irina Krush, a été déterminant dans le choix des meilleures intuitions individuelles et dans leur transmission au niveau collectif. En d'autres termes, s'il n'y avait eu aucune fonction sélective capable de promouvoir les meilleures propositions, le réseau de micro-compétences aurait été enseveli par le bruit de la masse d'interlocuteurs composée par les autres membres du *World Team.*

La sagesse collective à laquelle se réfèrent Surowiecki et Nielsen présente l'aspect d'une moyenne pondérée, dans laquelle le risque de choix erronés s'annule en présence d'opinions suffisamment divergentes pour susciter des décisions novatrices. Sous un certain angle de vue, il s'agit précisément de ce qui constitue l'algorithme *PageRank*™ de Google :

> « PageRank profite du caractère démocratique du web en utilisant sa vaste structure de liens comme un instrument d'organisation. En somme, Google considère un lien entre la page A et la page B comme un vote donné par la page A à la page B. Le moteur de recherche, donc, évalue l'importance d'une page en fonction des votes, ou liens : il analyse aussi la page qui donne le vote. Les votes donnés par des pages "importantes" pèsent davantage et contribuent à rendre plus "importantes" les autres pages. »[245]

La référence à Google n'est pas due au hasard. Le réseau est en effet peuplé non seulement par des êtres humains, mais aussi, voire surtout, par des agents artificiels (à la fin du 2013, plus de 60 % du trafic entre pages et sites web était généré par les *spiders*, programmes qui explorent automatiquement le réseau pour collecter les ressources et permettre leur indexation) : la fonction d'organisation des informations et de construction de la connaissance est aujourd'hui essentiellement assurée par des algorithmes d'indexation. Il paraît opportun de rappeler qu'un algorithme est "une méthode résolutive appliquée à un problème, un processus composé d'étapes simples à réaliser, pour obtenir un certain résultat"[246]. En tant que pure procédure logique appliquée, l'algorithme ne répond pas nécessairement à des objectifs de *performance* dans le temps (par exemple, la résolution de problèmes en un temps très court) : lorsque ces derniers sont définis, les algorithmes d'indexation sont les premiers à être sollicités. Ils ne sont pas du tout "neutres", puisqu'ils suivent un comportement programmé pour répondre à des objectifs prédéterminés :

[245] Brin S., Page L., "The Anatomy of a Large-Scale Hypertextual Web Search Engine", Stanford University 1998. Disponible à l'adresse : http://infolab.stanford.edu/~backrub/google.html (consulté le 27/11/2018), in Surowiecki J., *op. cit.*, p. 38.

[246] Ippolita, *Luci e ombre di Google. Futuro e passato dell'industria dei metadati*, Milano : Feltrinelli, 2007, p. 79.

« […] L'utilisateur estime que les résultats ne sont pas filtrés et qu'ils correspondent aux préférences de navigation générées par la communauté des utilisateurs. En somme, il y aurait un mécanisme de confiance toujours plus diffus dans l'objectivité de la technique, considérée comme "juste", puisqu'exempte des idiosyncrasies et des préférences des êtres humains. »[247]

Si l'on prend le cas de Google, le plus grand moteur de recherche au monde selon les statistiques d'usage et le volume de trafic généré, nous ne pouvons que constater comment ses algorithmes *tracent* les comportements des utilisateurs pour en définir le profil et restituer ainsi (du moins selon la motivation officielle) une expérience sur-mesure. Bien sûr, rien n'empêcherait de fournir aussi des messages publicitaires *ad hoc*.

Cette stratégie de personnalisation, que nous reprendrons plus en détail par la suite, est déterminante pour la compréhension d'un aspect essentiel : les algorithmes des moteurs de recherche contiennent un double "niveau de connaissance". Au premier niveau, se trouvent les règles des procédures logiques fixées par les experts, tandis que le second niveau est lié à tout ce qui appartient, selon le jargon du marketing, à la "connaissance du client", sur laquelle toute entreprise élabore son plan d'action commerciale. Quant au premier niveau, nous pourrions dire, sans commettre de faute majeure, qu'il se rapproche beaucoup, d'une certaine manière, de l'idée de *general intellect* formulée par Marx : en effet, la logique algorithmique, tout comme le savoir technique et scientifique déposé dans le capital fixe de l'entreprise, est conservée dans les batteries des machines qui constituent les dénommées *server farms*. La contradiction qui doit être alors mise en lumière se présente en ces

termes : malgré la sagesse collective, l'ensemble des algorithmes de Google n'a presque rien de

[247] *Ibidem*, pp. 82-83.

communautaire, de public ou partagé. Comme le remarque Giannoli en réaction aux nuances techno-utopistes qui colorent l'idéologie de l'intelligence collective :

> « […] L'intellect social ne flotte pas dans l'air, il n'est pas non plus stocké dans une mémoire libre et partagée ; il n'est pas dispersé, comme les stations d'essence, le long des "autoroutes de la communication". Il n'est pas (en grande partie) dans les bibliothèques universitaires, ni dans les librairies, les revues scientifiques ou les manuels. […] En revanche, l'intelligence qui crée de la richesse est aujourd'hui jalousement gardée par une élite infime, enfermée dans des coffres, dissimulée dans des réseaux de communication exclusifs, séparée du reste du monde, cryptée, protégée par des protocoles secrets, des clés d'accès, des systèmes de sécurité toujours plus raffinés. Plus souvent encore, nous ignorons simplement où elle se trouve. »[248]

Il est toutefois opportun de préciser que même si l'algorithme de base de PageRank™ est protégé par un brevet public (et donc officiellement consultable par tous), les reste des règles algorithmiques qui complètent le mécanisme de recherche de Google est sous le sceau du secret industriel. Nous avons déjà expliqué que PageRank™ est fondé sur un index de popularité qui évalue la pertinence d'une ressource web "en fonction du nombre de sites qui ont au moins un lien renvoyant à cette source"[249]. Mais ce n'est pas tout : si deux ressources web disposent du même nombre de liens, leur index de popularité sera pourtant différent, puisque l'importance des sites auxquels elles sont liées diffère.

PageRank™ est alors le résultat d'une *combinaison de popularité et d'autorité* des sources disponibles en ligne : ces critères sembleraient dictés par la sagesse collective (et donc l'algorithme, en tant qu'entité externe, se limiterait à calculer la moyenne pondérée et à enrichir l'index des résultats). En réalité, PageRank™ est tout sauf neutre et, là

---

[248] Giannoli G. I., *op. cit.*, p. 228.
[249] Ippolita, *op. cit.*, p. 94.

aussi, sa logique est capable de structurer à sa base l'espace des informations à organiser :

> « D'un point de vue mathématique, une conséquence de
>
> PageRank (™), fondée sur l'analyse des liens, est l'intégrité de la base de données, soit la définition d'un espace limité dans lequel effectuer des recherches : dans le monde de Google, il existe toujours un parcours qui amène d'une page à une quelconque autre page présente dans la base de données, soit dans les réseaux indexés. »[250]

Par conséquent, afin de restituer des informations accessibles, la portée de l'algorithme se limite à un espace d'informations fermé, mais incomplet : l'illusion que Google puisse fournir une voie d'accès à un *hortus conclusus* des ressources dissimulerait donc l'existence de données isolées, ou *Deep Web*, destinées à être ignorées par la majorité des internautes. Bien que cela puisse être vu comme un effet collatéral de la sagesse collective (on ne connaîtrait que ce que d'autres utilisateurs ont déjà découvert et mis en relation), en réalité, l'action de l'agent artificiel déterminerait en grande partie la constitution d'un espace fermé et autoréférentiel :

> « Dans les recherches de la vie quotidienne, une fermeture aussi absolue est très fonctionnelle, parce qu'elle amène rapidement à un résultat. En réalité, dans un système réticulaire complexe, il n'y a pas de vérité absolue, mais des autorités distribuées en fonction du parcours que nous désirons emprunter, ou simplement du temps que nous sommes disposés à consacrer à la recherche. »[251]

À l'action exercée par la logique artificielle de PageRank™, s'ajoute un ultérieur niveau de connaissance technique et scientifique, concrétisé sous la forme d'une série de filtres : leur fonction consiste à sélectionner dans la masse des informations seulement ce qui est significatif, améliorant ainsi le temps et la pertinence de la réponse

---

[250] *Ibidem*, p. 95.
[251] *Ibidem*, pp. 96-97.

d'un moteur de recherche. La nécessité de telles manipulations est tout à fait logique, pour effectuer ne serait-ce qu'un infime tri des quantités très élevées de données en ligne : cependant, l'introduction de critères de simplification de la complexité peut présenter des aspects problématiques, dès lors qu'ils reposent sur l'observation et le traitement des comportements des utilisateurs au cours de leurs recherches. Si, en principe, le filtre permet simplement d'optimiser le moteur de recherche, pour qu'il fournisse rapidement des réponses pertinentes aux questions posées, en pratique il devient l'instrument fondamental d'une stratégie de *cultural gatekeeping*, directement gérée par le moteur de recherche : l'index des résultats serait alors bien loin d'être objectif et “agnostique” quant aux attentes et aux intérêts des agents humains.

Comme il a été observé, personnaliser signifie “construire un environnement constitué exclusivement de cet inconnu qui nous est proche”[252] : avec le passage à un réseau de masse, dans lequel les propriétés constitutives de la consommation des contenus sont proches de celles de l'époque des médias traditionnels, la personnalisation se transpose de la manière la plus efficace au niveau de la rationalité économique, pour captiver l'attention du public en interceptant ses intérêts et ses attentes. Le problème, une fois de plus, réside dans l'effet produit par l'application de la stratégie des filtres de personnalisation :

> « L'apprentissage est par définition une rencontre avec ce que nous ignorons, ce qui ne nous est pas venu à l'esprit, ce que nous ne pourrions pas concevoir, ce que nous n'avions jamais compris ou estimé possible. C'est une rencontre avec tout ce qui est autre, si ce n'est avec la différence en tant que telle. Le genre de filtre que Google interpose entre un individu qui commence une recherche

[252] Pariser, *op. cit.*, p. 75.

> sur Internet et les résultats de cette recherche empêche à cet individu de faire de telles rencontres. »[253]

Le sujet connaissant devrait se trouver donc confronté à une situation dans laquelle il serait privé de la découverte de ce qui représenterait la ressource la plus précieuse : l'inattendu.

---

[253] Vaidhyanathan S., *The Googlization of Everything: (And Why We Should Worry)*, Berkeley : University of California Press, 2012, in Pariser E., *op. cit.*, p. 75.

5. Conclusions

L'action collaborative finalisée à la réalisation d'un objectif, par exemple tenter de battre le champion mondial d'échecs en jouant avec une équipe de 50.000 individus, peut faire preuve d'une stupéfiante intelligence, à condition de mettre à profit, dans les dynamiques du groupe, les micro-habilités latentes dans chaque membre. Or, c'est justement cette capacité à recueillir et canaliser d'énormes ressources afin d'atteindre un objectif de *problem-solving* qui donnerait tout son sens à la sagesse collective. D'ailleurs, l'exemple de la partie d'échecs montre bien que la contribution individuelle n'est pas indifférente lors de la création des meilleures conditions pour l'émergence d'une intelligence du groupe. En effet, en laissant agir le réseau de micro-compétences, l'intervention d'un sujet "coordonnateur" permet au groupe de repérer la piste résolutive la plus efficace, à travers un processus de sélection multiple et aléatoire, défini comme "sérendipité planifiée"[254]. Malgré l'apparent oxymore, la combinaison du hasard et de la planification peut être efficace dans des

[254] Nielsen M., *Reinventing Discovery: The New Era of Networked Science, op. cit.*, p. 32. Comme l'auteur le réfère, la fomule "sérendipité planifiée" vient du travail d'analyse mené par Eric Raymond au sujet des logiciels *open source*, tel que raconté dans l'essai *The Cathedral and the Bazaar: Musings on Linux and Open Source by an Accidental Revolutionary*, Sebastopol : O'Reilly Media, 2001.

contextes de collaboration visant à la résolution de problématiques jusqu'alors insolubles.

Toutefois, ces observations ne suffisent pas à expliquer pourquoi certains projets collaboratifs diffusés en ligne ne sont pas, au final, intelligents, soit capables d'attendre l'objectif visé en réalisant une stratégie résolutive. Afin de répondre à cette question, il est utile de recourir à la notion d'"usage partagé", développée par Michael Nielsen. Par rapport aux quatre critères[255] que Surowiecki a définis comme étant à la base de la sagesse des foules, Nielsen estime qu'un autre prérequis fondamental est nécessaire : la présence d'une base de connaissances partagée par tous les membres du groupe. L'idée d'une base partagée est intimement liée au modèle d'*intelligence* que nous avons précédemment opposé à la *smartness*, et suggère clairement la sollicitation d'un trésor de notions et de pratiques que les participants à un groupe doivent nécessairement avoir, au-delà de leur degré d'indépendance, de distribution, d'agrégation ou de diversité d'opinion :

> « C'est la présence d'un usage partagé qui détermine s'il est possible ou non d'augmenter l'intelligence collective. »[256]

Le degré de partage de la base de connaissances tend à être plus ou moins *élevé*, en fonction du domaine de référence : les mathématiques ou la programmation informatique exigent un plus haut niveau de partage par rapport au jeu d'échecs. Néanmoins, il existe toujours un substrat de connaissances communes aux membres, leur permettant ainsi de trouver un point d'entente lors de l'échange d'opinions et favorisant ainsi cette intuition collective en mesure de résoudre le problème que l'action collaborative doit affronter.

---

[255] Les critères évoqués sont : 1) la diversité d'opinion ; 2) l'indépendance ; 3) la décentralisation ; 4) l'aggrégation.

[256] Nielsen M., *op. cit.,* p. 89.

L'ensemble des éléments présentés jusqu'ici pourrait amener à conclure que le réseau favorise en soi l'émergence et l'amplification d'une intelligence de groupe. Il s'agit toutefois d'un aboutissement précaire et susceptible de générer d'autres objections, à la lumière des exemples cités dans le précédent chapitre. Il est donc utile de rappeler les deux questions primordiales évoquées au début de cette recherche, afin de mettre en évidence les réponses possibles et de fournir un cadre conclusif structuré et cohérent.

Par rapport à l'interrogation sur la nouvelle morphologie du savoir et sa représentation, nous avons en premier lieu tenté d'éclaircir le concept de connaissance : à partir de ce qu'on observe au cours d'une navigation sur le net, nous avons isolé la notion de *savoir diffus*, en soulignant le caractère volatil et irréductible des catégorisations de type *top-down.* Au sein du réseau, coexistent des représentations de la connaissance au statut ontologique très hétérogène : des centaines de milliers de photographies et de vidéos d'amateurs côtoient des bases de données de revues et de publications scientifiques ; il est possible de trouver des encyclopédies collaboratives ou traditionnelles, des blogosphères générales ou spécialisées. On pourrait même affirmer qu'épistémè et *doxa* n'ont jamais été aussi proches. Cependant, parler de proximité spatiale et temporelle pour des entités aussi distinctes ne doit pas amener à croire que la connaissance diffuse se réduise à un simple mélange, comme pourrait le soutenir un penseur moderne. L'expression "connaissance diffuse" présente plutôt une composition "polémique", qui traduit délibérément une interprétation dialectique du rapport entre *doxa* et *épistémè*, complètement englobé dans la sphère du savoir.

Une partie du chapitre sur la nouvelle morphologie du savoir a été délibérément consacrée à endiguer les dérives relativistes, malgré la conviction que l'organisation épistémique fournie par le réseau hypertextuel ne puisse pas résoudre la dialectique, ou friction, entre ces deux domaines du savoir.

Si le réseau hypertextuel, pris dans son acception de système de pensée non séquentielle, fondé sur une infrastructure diffuse à laquelle coopèrent simultanément plusieurs agents, est une invitation à reformuler les méthodes hiérarchiques arborescentes utilisées pendant des siècles pour organiser les connaissances, parallèlement, il encourage la constitution progressive d'un savoir polymorphe, désarticulé et fragmenté. Au lieu d'emprunter des parcours conceptuels définis *a priori*, l'acte de connaissance se développe en une longue exploration, quasiment à la dérive dans la navigation sur le net. Le modèle encyclopédique de la Renaissance et l'idée de découverte fortuite apparaissent ainsi, tous deux, très proches de l'expérience du sujet connaissant dans le réseau. Le cadre épistémologique qui en dérive se situe dans une perspective post-cartésienne, avec le refus de l'hypothèse d'un *cogito* isolé et déconnecté du contexte. Dans le cyberespace, le sujet connaissant tend forcément à intégrer un réseau d'auteurs-lecteurs participant à un processus de construction sociale du savoir :

> « En réalité, le savoir est une affaire de collaboration ; il y a toujours moins de génies isolés et toujours plus de réseaux de collaboration, écoles, groupes de recherche. »[257]

La dimension sociale de la construction du savoir en ligne n'implique pas nécessairement, nous l'affirmons une fois de plus, une fragilité des fondements épistémologiques : le modèle encyclopédique collaboratif sollicite un réseau de micro-compétences latentes, allant des connais-

[257] Floridi L., *La Filosofia al tempo di Internet*, in "Punto Informatico", 2009. Disponible à l'adresse : http://punto-informatico.it/2518865/PI/Interviste/filosofia-al-tempo-internet.aspx (consulté le 27/11/2018).

sances scientifiques de laboratoire (nécessaires pour corriger les articles encyclopédiques) à la passion des amateurs (utiles pour améliorer ou affiner la précision des domaines d'intérêt). Tout ceci coexiste, sans s'y substituer, avec la connaissance scientifique, dont les dynamiques sociales de construction restent plus structurées et hiérarchisées.

En résumé, nous pouvons affirmer qu'une fois le modèle arborescent détrôné de son piédestal, la nouvelle morphologie de la connaissance diffusée en ligne ne semble pas se restreindre à une architecture stable, mais tend plutôt à adopter une forme déstructurée et en quelque sorte précaire, reflétant ainsi les dynamiques de construction sociale de type *bottom-up* (le phénomène du *tagging* en est un exemple flagrant, comme nous l'avons montré dans le paragraphe 4.1).

Dans les chapitres consacrés à l'intelligence collective et au rapport avec les élites cachées, nous avons eu l'occasion d'affronter la deuxième question centrale de cette recherche : quel rôle faut-il assigner aux élites, s'il en est, compte tenu du cadre culturel profondément marqué par l'idéologie d'une intelligence collective ? Nous avons choisi de donner une réponse en deux temps.

À partir de l'hypothèse selon laquelle la logique hypertextuelle de base aurait contribué à précipiter la crise du principe d'*auctoritas* (inhérente à la fonction sociale et culturelle de l'intellectuel, comme intermédiaire du savoir), nous avons mis à l'épreuve le modèle de l'intelligence collective. En analysant le cas de l'encyclopédie collaborative *Wikipédia*, nous avons constaté la hiérarchisation progressive des différents rôles de contribution, visant non seulement à réduire les risques d'actes de vandalisme envers les articles déjà créés, mais aussi à incrémenter la valeur scientifique de l'œuvre collaborative elle-même. Le retour de l'élite au sein d'un projet fondé sur le principe de l'égalitarisme témoignerait de la nécessité de considérer un niveau supplémentaire d'intelligence, afin de structurer la masse critique d'informations produite par l'action collective. Il s'agirait alors de restaurer une fonction de filtre *a priori*, pour garantir la conformité du fond et de la forme des articles encyclopédiques aux critères établis par la communauté de Wikipédia.

Il en découle alors que l'édifice conceptuel d'intelligence collective, tel que l'a décrit Pierre Lévy, se révèle insuffisant à expliquer la présence de dynamiques sociales de *filtering* à l'intérieur de projets collaboratifs. À cause de cela, nous avons préféré adopter comme modèle théorique la dénommée "sagesse des foules", dans l'espoir de fournir une réponse plus structurée sur les dynamiques de l'intelligence sociale en ligne. En effet, ce modèle reste apparemment plus cohérent, s'il est appliqué à des domaines d'action sociale plus spécifiques, par exemple le contexte technique et scientifique ou encore celui de l'informatique, et en présence de certaines conditions, soit le partage d'une *knowledge base* orientée vers l'usage, dont nous avons parlé dans le chapitre précédent.

L'exemple de la partie d'échecs "Kasparov contre *World Team*" a mis en évidence le rôle préliminaire essentiel d'une connaissance partagée à l'intérieur d'un groupe (malgré le nombre élevé de participants et leur hétérogénéité), permettant ainsi à une collectivité d'agents intelligents d'entrer en compétition, par voie télématique, avec un champion mondial. D'ailleurs, le cas étudié a également permis de cueillir l'importance d'une fonction de coordination du groupe social : grâce à ses compétences en échecs et à sa capacité à écouter les voix du groupe, une coordinatrice de l'équipe s'est révélée la plus habile à assurer son rôle, en orientant les choix de l'équipe vers un objectif spécifique, soit la recherche des coups gagnants. Cet épisode montre l'importance déterminante de l'action coordonnée, et constitue même un contre-exemple de l'hypothèse fondamentale de l'intelligence collective, soit la capacité des essaims de s'auto-organiser sans une élite conductrice. Nous pouvons donc conclure, contrairement à ce que le Web 2.0 et le modèle d'intelligence collective ont cherché à faire croire, que la notion d'élite est tout sauf obsolète dans les dynamiques collectives du réseau.

Ce présent travail de recherche a ensuite permis de dégager une quatrième question, corollaire de la thèse précédente, portant sur la persistance des élites dans le réseau. Dès que l'analyse s'étend à l'infosphère digitale (avec une attention particulière à cette portion du réseau nommée Web 2.0), nous remarquons que les processus de construction sociale ne sont pas intelligents. En opposition avec la position de ceux qui soutiennent la faculté naturelle du réseau à distribuer de manière égale les opportunités d'accès aux sources d'information, nous avons montré que la logique actuelle de redistribution pencherait plutôt vers un modèle parétien du 80/20[258]. Si l'on considère la blogosphère (peu importe le cadre géographique), nous constatons qu'un petit groupe de blogueurs, agissant en véritables *opinion leaders*, finit par concentrer autour de lui un grand nombre de connexions : en d'autres termes, le réseau, comme un tout autre médium de masse de type *broadcasting*, aurait tendance à répliquer une structure d'influences sociales fondée sur le capital de la renommée, et non plus sur des liens aléatoires. Or, ce phénomène contredit la thèse de l'intelligence horizontale, selon laquelle chacun aurait la capacité d'influencer avec ses propres opinions celle d'autrui, orientant ainsi mutuellement les modes et les comportements sociaux. À l'intérieur d'une telle dynamique, puisque potentiellement tout le monde est

[258] Barábasi A.-L., *Linked. The new science of networks*, New York : Basic Books, 2014.

interconnecté, il serait difficile d'expliquer pourquoi certains nœuds du réseau apparaissent plus importants que d'autres.

Comme l'argumentation du physicien et théoricien des réseaux, Albert-László Barabási, notre recherche a démontré que les nœuds du Web ne sont pas tous égaux ; la présence de *hubs* ou connecteurs comporte *de facto* une hiérarchisation des liens du réseau :

> « Le World Wide Web est un réseau à échelle invariable, dominée par des *hubs* et des nœuds à haute connectivité mais, comme nous le verrons, cette typologie à vaste échelle coexiste avec différentes structures à plus petite échelle qui limitent, elles aussi, ce que nous pouvons ou ne pouvons pas voir en parcourant les liens. »[259]

Tandis que la thèse de l'intelligence collective voudrait faire croire que les essaims sont capables de corriger de manière autonome toute distorsion dans la distribution de la visibilité, se rapprochant ainsi, comme le remarque Formenti[260], de la *Main invisible* d'Adam Smith, le Web, en réalité, se développe sur une structure basée sur une croissante inégalité des nœuds : les portails d'information, les blogs populaires, les moteurs de recherche représenteraient des exemples de nœuds hautement connectés, contredisant ainsi l'utopie d'un cyberespace égalitaire.

Il pourrait alors être intéressant de mettre en lumière un autre aspect problématique, relatif à la typologie spécifique du Web : au lieu de construire un réseau homogène, le Web serait, pour ainsi dire, divisé en continents. L'intention, ici, n'est pas d'examiner en détail l'argumentation de Barabási, mais il est important de remarquer que la condition structurale de fragmentation du Web détermine une restriction physiologique des possibilités de navigation des utilisateurs, puisque les connexions

---

[259] Ivi, p. 176.

[260] Formenti C., *Cybersoviet. Utopie postdemocratiche e nuovi media*, Milano : Raffaello Cortina Editore, 2008.

entre un continent et l'autre peuvent être à sens unique ou même absentes, éventualité que le physicien roumain résume sous l'expression "tentacules et îlots séparés".

À ce scénario, nous avons vu qu'il s'en ajoute un autre, complémentaire et focalisé sur l'action des filtres artificiels dans la structuration de l'information.

Nous avons déjà rappelé que l'algorithme de recherche de Google repose sur le principe de popularité des sources d'information, pour construire un index "raisonné" des informations à restituer aux utilisateurs. L'intelligence du PageRank™ serait loin d'être objective, puisqu'elle refléterait les déséquilibres préexistants dans le réseau :

> « L'ordre hiérarchique des réponses que nous recevons chaque fois que nous interrogeons Google n'a rien d'"objectif", dans le sens où il représente, dans la meilleure des hypothèses, une espèce d'"index de popularité" des pages web ; une popularité qui, à son tour, mesure les rapports de pouvoir économiques et politiques, mais aussi les préjudices sociaux et culturels en tous genres, plutôt que la qualité, la respectabilité et l'autorité des contenus indexés. »[261]

Est-il donc légitime d'affirmer que le degré de popularité d'un document en ligne constitue la condition suffisante et nécessaire pour en déterminer la vérité ? La réponse est évidemment négative ; s'il en était ainsi, en effet, nous devrions alors assigner à l'astrologie, extrêmement populaire en dehors et en dedans du réseau, le statut de science. Dans ce cas, la moyenne pondérée des opinions exprimées par la sagesse des foules ne produirait pas de vérité, mais une dictature de la majorité[262].

Les filtres artificiels ont pour effet d'amplifier la fragmentation du réseau, à travers un programme de tracement des informations personnelles des utilisateurs, recueillies au cours de leur navigation sur le net. Cet usage

---

[261] *Ibidem*, p. 258.

[262] Ippolita, *op. cit.*

a amorcé le modèle de la "personnalisation de masse", fondé sur un mode de production et distribution de l'information taillée sur mesure pour le consommateur, auquel s'ajoute une hyper-détermination des options fournies à l'utilisateur par le réseau. En d'autres termes, l'expérience de la navigation sur le net serait toujours moins caractérisée par la liberté de choix et toujours plus prédéfinie par des algorithmes de recherche, dont l'intelligence technique et scientifique répond à des logiques contrôlées par des entités monopolistiques. En mémorisant les choix et les goûts des utilisateurs et de leur réseau de contacts, les algorithmes parviennent à établir une carte des préférences personnelles, filtrant ainsi les contenus selon le degré d'intérêt qu'ils pourraient susciter auprès des utilisateurs visés. La combinaison de l'intelligence artificielle avec la richesse d'une base de connaissances (stockée dans les batteries de serveurs appartenant aux colosses d'Internet) comporte comme conséquence directe une diminution significative de l'espace de découverte : l'utilisateur est donc limité à accéder à cet "inconnu proche de lui", et se trouve alors privé de la possibilité de découvrir, ce qui ne correspond pas aux préférences directement ou indirectement exprimées par ses propres choix et par ceux de son réseau de contacts[263].

Un des scénarios conclusifs auquel aboutit cette recherche esquisse donc un Web conforme aux registres et aux effets homologuants d'un quelconque médium de masse *mainstream*, en totale contradiction avec la vision techno-utopiste : le réseau n'aurait pas grand-chose à voir

[263] Facebook aurait conçu son algorithme proprietaire OpenGraph suivant ce principe de "l'inconnu proche de moi". Le même algorithme de recherche de Google serait en train de changer, prenant en compte les préférences des contacts directs, afin d'organiser les résultats de recherche.

avec l'idéal d'une encyclopédie universelle ouverte à l'humanité, enrichie aussi bien sur le plan intellectuel que moral.

En généralisant davantage, nous pouvons affirmer que la personnalisation de l'information pousse le Web vers un phénomène de pulvérisation du réseau en de multiples et incommensurables micro-univers, qui sapent ainsi les fondements d'une connaissance (et d'une mémoire) partagée par la communauté entière des êtres humains. Sur la base de telles considérations, il semble donc nécessaire et opportun de remettre en discussion l'idée même de cerveau global, à laquelle nous avons hypothétiquement fait appel au début de cette recherche pour essayer de justifier et expliquer les dynamiques de l'intelligence collective. Au sein du réseau, le processus de construction sociale de la connaissance ne concerne pas une entité autonome collective à échelle globale. Il résulte plutôt de l'action prédéterminée de filtres humains et artificiels, qui définissent *de facto* ce qui pourrait intéresser la communauté, par rapport à ce qui peut être passé en sourdine, en tant que simple bruit de fond.

6. Bibliographie

Abruzzese A., *Analfabeti di tutto il mondo unitevi*, Genova : Costa & Nolan, 1996.

Aleksander I., *How to Build a Mind: Toward Machines with Imagination (Maps of the Mind)*, New York : Columbia University Press, 2000.

Bacon F., *Instauratio Magna, Pars Secunda: Novum Organum* (1620), tr. it. *La grande instaurazione*, Parte seconda: *Nuovo organo*, in Eco U., *La ricerca della lingua perfetta nella cultura europea*, Bari : Editori Laterza, 2008.

Barábasi A.-L., *Linked: How Everything Is Connected to Everything Else and What It Means for Business, Science, and Everyday Life*, New York : Basic Books, 2014.

Bardeau F., Danet N., *Lire, écrire, compter, coder*, Limoges : Fyp Éditions, 2014.

Barthes R., *Le bruissement de la langue. Essais critiques IV,* Paris : Seuil, 1993.

Baudrillard J., *Cyberfilosofia*, Milano : Mimesis Edizioni, 2010.

Bauman Z., *Liquid Modernity*, Cambridge : Polity, 2000.

Benedikt M., *Cyberspace: Some Proposals*, in Benedikt M. (ed.), *Cyberspace: First steps*, Cambridge Mass. : The MIT Press, 1991.

Bennato D., *Sociologia dei media digitali*, Roma-Bari : Editori Laterza, 2011.

– *Le metafore del computer*, Roma : Meltemi Editore, 2002.

Benjamin W., *Paris, capitale du XIXe siècle*, Paris : Allia, 2015.

Berger P. L., Luckmann T., *La construction sociale de la réalité*, Paris : Armand Colin, 2012.

Berners-Lee T., *Weaving the Web. The Original Design and Ultimate Destiny of the World Wide Web by Its Inventor*, London : Orion Business, 1999.

Bettetini G., Colombo F., *Le nuove tecnologie della comunicazione*, Milano : Bompiani, 1993.

Bettetini G., Garassini S., Gasparini B., Vittadini N., *I nuovi strumenti del comunicare*, Milano : Bompiani, 2003.
Bolter J.D., *Writing Space. The Computer, Hypertext and the History of Writing*, Oxford, Routledge, 1991.
Breton P., *L'utopie de la communication : le mythe du « village planétaire »,* Paris : La Découverte, 2004.
– *Le culte de l'Internet. Une menace pour le lien social ?*, Paris : La Découverte, 2000.
Brynjolfsson E., McAfee A., *The Second Machine Age: Work, Progress, and Prosperity in a Time of Brilliant Technologies*, New York : W. W. Norton & Company, 2014.
Burke P., *A Social History of Knowledge II. From the Encyclopédie to Wikipedia*, Cambridge : Politi, 2012.
Cardon D., *À quoi rêvent les algorithmes : nos vies à l'heure des big data*, Paris : Seuil, 2015.
Carlini F., *Lo stile del Web. Parole e immagini nella comunicazione di rete*, Torino : Einaudi, 2006.
Carr N., *The Glass Cage: Automation and Us*, New York: W. W. Norton & Company, 2014.
– *Internet rend-il bête ?*, Paris : Robert Laffont, 2011.
Casilli A., *Les liaisons numériques : vers une nouvelle sociabilité ?*, Paris : Seuil, 2010.
Castells M., *La galaxie Internet*, Paris : Fayard, 2002.
– *La Société en réseaux, tome 1 : l'ère de l'information,* Paris : Fayard, 1999.
Castellucci P., *Dall'ipertesto al Web. Storia culturale dell'informatica*, Roma-Bari : Editori Laterza, 2009.
Ciastellardi M., *Le architetture liquide. Dalle reti del pensiero al pensiero in rete*, Milano : LED Edizioni, 2009.
Ciotti F., Roncaglia G., *Il mondo digitale*, Roma-Bari : Editori Laterza, 2000.
Citton Y., *L'économie de l'attention*, Paris : La Découverte, 2014.
– *Pour une écologie de l'attention*, Paris : Seuil, 2014.
Couturat L., *Opuscules et fragments inédits de Leibniz* (1903), tr. it. in F. Barone (a cura di), *Scritti di logica*, Bologna : Zanichelli, 1968.
D'Alessandro P., *Critica della ragione telematica. Il pensiero in rete e le reti del pensiero*, Milano : LED Edizioni, 2002.
D'Alessandro P., Domanin I., *Filosofia dell'ipertesto. Esperienze di pensiero, scrittura elettronica, sperimentazione didattica*, Milano : Apogeo, 2005.
De Fleur M.L., Ball-Rokeach S.J., *Theories of mass communication* (1976), tr. it. *Teorie delle comunicazioni di massa*, Bologna : Il Mulino, 1995.

De Kerkhove D., *L'architettura dell'intelligenza,* Torino : Testo&Immagine, 2001.
– *Connected intelligence. The Arrival of the Web Society*, London : Kogan Page, 1997.
– *Brainframes. Technology, mind and business* (1991), tr. it. *Brainframes. Mente, tecnologia, mercato*, Bologna : Baskerville, 1993.
Di Bari V., *Web 2.0*, Milano : Il Sole 24 Ore, 2007.
Di Corinto A., Tozzi T., *Hacktivism. La libertà nelle maglie della rete*, Roma : Manifestolibri, 2002.
Deleuze G. Guattari F., *Mille plateaux. Capitalisme et schizophrénie. Tome 2*, Paris : Éditions de Minuit, 1980.
Descartes R., *Discours de la méthode*, Paris : Éditions J'ai Lu, 2013.
– *Règles pour la direction de l'esprit*, Paris : Le Livre de Poche, 2012.
Diderot D., D'Alembert J. le R., *Encyclopédie ou dictionnaire raisonné des sciences, des arts et des métiers, tomes I et II, articles choisis*, Paris : Éditions Flammarion, 1993.
– Doueihi M., *Qu'est-ce que le numérique ?*, Paris : PUF, 2013.
– *Pour un humanisme numérique*, Paris : Seuil, 2011.
Durand G., *Les structures anthropologiques de l'imaginaire*, Malakoff : DUNOD éditeur, 2016.
Eco U., *La ricerca della lingua perfetta nella cultura europea,* Roma-Bari : Editori Laterza, 2008.
– *Dall'albero al labirinto. Studi storici sul segno e l'interpretazione*, Milano : Bompiani, 2007.
– *Apocalittici e Integrati. Comunicazioni di massa e teorie della cultura di massa*, Milano : Bompiani, 2001.
Ferrarotti F., *Manuale di sociologia*, Roma-Bari : Editori Laterza, 1996.
Fidler R., *Mediamorphosis. Understanding New Media*, Thousand Oaks : Pine Forges Press, 1997.
Floridi L., *Information. A Very Short Introduction*, Oxford : Oxford University Press, 2010.
Foglia M., *Wikipédia. Média de la connaissance démocratique ?*, Limoges : FYP, 2008.
Formenti C., *Cybersoviet. Utopie postdemocratiche e nuovi media*, Milano : Raffaello Cortina Editore, 2008.
Foucault M., *Les mots et les choses*, Paris : Gallimard, 1990.
Galimberti U., *Psiche e techne. L'uomo nell'età della tecnica*, Milano : Feltrinelli, 2009.
Giannoli G. I., *Materializzazioni dell'anima. Dai modelli dell'intelligenza all'intelletto sociale*, Roma : Manifestolibri, 2003.

Gibson W., *Neuromancer*, New York : Harper Voyager, 2015.

Giolito B., *Intelligenza Artificiale. Una guida filosofica*, Roma : Carocci Editore, 2007.

Giordano V., Parisi S., *Chattare. Scenari della relazione in rete*, Roma : Meltemi, 2007.

Gnoli C., Marino V., Rosati L., *Organizzare la conoscenza*, Milano : Hops Tecniche Nuove, 2006.

Gorz A., *L'immatériel. Connaissance, valeur et capital*, Paris : Éditions Galilée, 2003.

Granieri G., *Umanità accresciuta. Come la tecnologia ci sta cambiando*, Roma-Bari : Editori Laterza, 2009.

– *La società digitale*, Roma-Bari : Editori Laterza, 2006.

Hayles N.-K., *Lire et penser en milieux numériques : attention, récits, technogenèse*, Grenoble : ELLUG, 2016.

Han B.-C., *Nello sciame. Visioni del digitale*, Roma : Nottetempo, 2015.

Head S., *Mindless: Why Smarter Machines Are Making Dumber Humans*, New York : Basic Books, 2012.

Horkheimer M., Adorno T. W., *La dialectique de la raison : fragments philosophiques*, Paris : Gallimard, 1983.

Hugon S., *Circumnavigations : l'imaginaire du voyage dans l'expérience Internet*, Paris: CNRS, 2010.

Hymanen P., *The hacker ethic and the spirit of the information age*, New York : Penguin Random House, 2002.

Ippolita, *Luci e ombre di Google. Futuro e passato dell'industria dei metadati*, Milano : Feltrinelli, 2007.

Izzo A., *I percorsi della ragione. Il tema della razionalità nella storia del pensiero sociologico*, Roma : La Nuova Italia Scientifica, 1996.

Keen A., *The Cult of the Amateur. How Today's Internet Is Killing Our Culture*, New York : Doubleday, 2008.

Lafontaine C., *L'empire cybernétique : des machines à penser à la pensée machine*, Paris : Seuil, 2004.

Landow G., *Hypertext: The Convergence of Contemporary Critical Theory and Technology*, Baltimore : Johns Hopkins University Press, 1991.

Le Bon G., *Psychologie des foules*, Paris : PUF, 1998.

Leibniz G.W., *De scientia universali seu calculo philosophico* (1686), tr. it. *Sulla scienza universale o calcolo filosofico*, in Barone F. (a cura di), *Scritti di logica*, Bologna : Zanichelli, 1968.

– *Nouveaux essais sur l'entendement humain* (1705), tr. it. *Nuovi saggi sull'intelletto umano*, in *Scritti filosofici*, Torino : Utet, 1967-1968, vol. II.

Levine R., Locke C., Searls D., Weinberger D., Jake M., *The Cluetrain Manifesto*, New York : Basic Books, 2009.

Lévy P., *Cyberculture. Rapport au Conseil de l'Europe dans le cadre du projet "Nouvelles technologies : coopération culturelle et communication"*, Paris : Odile Jacob, 1997.

– *L'intelligence collective. Pour une anthropologie du cyberspace*, Paris : La Découverte, 1994.

Licklider J.C.R., *Libraries of the future*, Cambridge, Mass. : The MIT Press, 1965.

Lih A., *The Wikipedian Revolution. How a Bunch of Nobodies Created the World's Greatest Encyclopaedia*, New York : Hyperion Book, 2009.

Locke J., *Essai philosophique sur l'entendement humain – Livres I et II*, Paris : Librairie Philosophique Vrin, 2002.

Loveluck B., *Réseaux, libertés et contrôle. Une généalogie politique d'Internet*, Paris : Armand Colin, 2015.

Lovink G., *Networks without a cause*, Cambridge : Polity Press, 2011.

– *Zero comments. Blogging and critical internet culture*, Abingdon : Routledge, 2007.

Lyotard J.-F., *La condition postmoderne*, Paris : Les Éditions de minuit, 1998.

Maggi R., *Architetture digitali dell'uomo*, Bologna : Regina Zabo, 2015.

Maldonado T., *Reale e virtuale*, Milano : Feltrinelli, 2005.

– *Critica della ragione informatica*, Milano : Feltrinelli, 1997.

Marx K., *Misère de la philosophie*, Paris : Payot, 2002.

Mattelart A., *Histoire de la société de l'information*, Paris : La Découverte, 2009.

McLuhan M., *Pour comprendre les médias : les prolongements technologiques de l'homme*, Paris : Points, 2015.

– *The Gutenberg Galaxy. The Making of Typographic Man*, Toronto : University of Toronto Press, 2011.

Mercklé P., *Sociologie des réseaux sociaux*, Paris : La Découverte, 2016.

Metitieri F., Ridi R., *Biblioteche in rete*, Roma-Bari : Editori Laterza, 2005.

Metitieri F., *Il grande inganno del web 2.0*, Roma-Bari : Editori Laterza, 2009.

Meyrowitz Joshua, *No sense of Place: the Impact of Electronic Media on Social Behavior*, Oxford : Oxford University Press, 1986.

Montani P., *Tecnologie della sensibilità. Estetica e immaginazione interattiva*, Milano : Raffaello Cortina Editore, 2014.

Morcellini M., Fatelli G., *Le scienze della comunicazione*, Roma : Carocci, 2002.
Morozov E., *The Net Delusion: The Dark Side of Internet Freedom*, New York : PublicAffairs, 2012.
Morville P., *Ambient Findability: What We Find Changes Who We Become*, Sebastopol USA : O'Reilly Media, 2005.
Mugnai M., *Introduzione alla filosofia di Leibniz*, Torino : Einaudi, 2001.
Mumford L., *Technique et civilisation*, Marseille : Parenthèses, 2016.
Musso P., *Critique des réseaux*, Paris : PUF, 2003.
Nielsen M. *Reinventing Discovery: The New Era of Networked Science*, Princeton : Princeton University Press, 2012.
Nelson T., *Literary Machines*, Sausolito : Mindful Press, 1981.
Norris P., *Digital Divide. Civic engagement, Information poverty and the Internet worldwide*, Cambridge : Cambridge University Press, 2001.
Ong W., *Oralité et écriture : La technologie de la parole*, Paris : Les Belles Lettres, 2014.
Ortoleva P., *Mediastoria*, Parma : Pratiche, 1995.
Pariser E., *The Filter Bubble: What the Internet Is Hiding from You*, New York : Penguin Press HC, 2011.
Parrocchia D., *Penser les réseaux*, Seyssel : Éditions Champs Vallon, 2001.
Pedemonte E., *Personal media*, Torino : Bollati Boringhieri, 1998.
Pons Alain, *L'avventura dell'Enciclopedia*, in *Enciclopedia*, Milano : Feltrinelli, 1966, Vol I.
Proudhon P.-J., *Œuvres complètes*, Paris : Hachette Livre BNF, 2012.
Rampini F., *Rete Padrona. Amazon, Apple, Google & co. Il volto oscuro della rivoluzione digitale*, Milano : Feltrinelli, 2014.
Raymond E., *The Cathedral and the Bazaar: Musings on Linux and Open Source by an Accidental Revolutionary*, Sebastopol USA : O'Reilly Media, 2001.
Rheingold H., *Mind Amplifier: Can Our Digital Tools Make Us Smarter?*, New York : TED Conferences, 2012.
– *Smart Mobs: The Next Social Revolution*, New York : Perseus Books, 2002.
– *The Virtual Community: Homesteading on the Electronic* Frontier, Cambridge : MIT Press, 2000.
Ridi R., *Il mondo dei documenti. Cosa sono, come valutarli e organizzarli*, Roma-Bari : Editori Laterza, 2010.
Riva G., *I social network*, Bologna : Il Mulino, 2010.
Rossi P., a cura di, *La memoria del sapere*, Roma-Bari : Editori Laterza, 1988.

Russell P., *The Global Brain: speculations on the evolutionary leap to planetary consciousness*, Los Angeles : JP Tarcher, 1982.
Sadin E., *La siliconisation du monde*, Paris : Éditions L'échappée, 2016.
– *La vie algorithmique : critique de la raison numérique*, Paris : Éditions L'échappée, 2015.
– *L'humanité augmentée : l'administration numérique du monde*, Paris : Éditions L'échappée, 2013.
Saint-Simon Claude Henri de, *Œuvres de Claude-Henri de Saint-Simon*, 6 vol., Paris : Éditions Anthropos, 1966.
Scavetta D., *La metamorfosi della scrittura: dal testo all'ipertesto*, Firenze : La Nuova Italia, 1992.
Shirky C., *Here Comes Everybody. The Power of Organizing without Organizations*, London : Penguin Books, 2009.
Simone R., *Presi nella rete. La mente ai tempi del web*, Milano : Garzanti, 2012.
Statera G., *Società e Comunicazioni di massa*, Roma : Palumbo Editore, 1980.
Surowiecki J., *La sagesse des foules*, Paris : Éditions JC Lattès, 2008.
Tagliagambe S., *Il sogno di Dostoevskij. Come la mente emerge dal cervello*, Milano : Cortina Raffaello, 2002.
– *Epistemologia del cyberspazio*, Cagliari : Demos, 1997.
Tapscott D., Williams A., *Wikinomics: Wikipédia, Linux, YouTube... comment l'intelligence collective collaborative bouleverse l'économie*, Montreuil : Pearson, 2007.
Tarde G., *Les lois de l'imitation*, Paris : Les empêcheurs de penser en rond, 2001.
Turing A., *Intelligenza meccanica*, Torino : Bollati Boringhieri, 1994.
Turner F., *Aux sources de l'utopie numérique : de la contre-culture à la cyberculture*, Caen : C&F Editions, 2013.
Vander Wal T., *Understanding Folksonomy: Catalyzing Users to Enrich Information*, Sebastopol USA : O'Reilly Media, 2009.
Vaidhyanathan S., *The Googlization of Everything and Why We Should Worry*, Berkeley : University of California Press, 2012.
Vecchi B., *La Rete dall'utopia al mercato*, Roma : Ecommons, 2015.
Wells H. G., *World Brain*, London : Methuen, 1938.
Weinberger D., *Too Big To Know. Rethinking Knowledge Now That The Facts Aren't the Facts, Experts Are Everywhere, and the Smartest Person in the Room is the Room*, New York : Basic Books, 2014.
– *Everything is miscellaneous: The Power of the New Digital Disorder*, New York : Henry Holt & Co, 2007.

– *Small Pieces Loosely Joined: A Unified Theory of the Web*, New York : Basic Books, 2002.

Wiener N., *Cybernétique et société : l'usage humain des êtres humains*, Paris : Points, 2014.

Williams S., *Storia dell'intelligenza artificiale*, Milano : Garzanti, 2003.

Wittgenstein L., *On Certainty*, New York : Harper Perennial, 1972.

Wolf M., *Teorie delle comunicazioni di massa*, Milano : Bompiani, 1985.

Périodiques

Amar G., *Qu'est-ce qui n'est pas un réseau*, in « Flux », n°13-14, 1993, pp. 56-58.

Bantman P., *Le concept de réseau*, in « VST – Vie sociale et traitements », 2004/1 n° 81, p.18-19.

Cauquelin A., *Concept pour un passage*, in « Quaderni. N°3, hiver 87/88. Images et imaginaire des réseaux », pp. 31-40.

Chatzis K., *Philosophie des réseaux (Daniel Parrocchia)*, in « Flux », n°16, 1994, pp. 86-90.

Englebart D. C., *A Conceptual Framework for the Augmentation of Man's Intellect*, in Howerton, Paul (Ed.) « Vistas in Information Handling vol. 1, The Augmentation of Man's Intellect by Machine », Spartan Books, Washington, D.C. 1963, pp. 11-29.

Evans D., *The Internet of Things. How the Next Evolution of the Internet is Changing Everything*, in « Cisco Internet Business Solutions Group (IBSG) », 2011.

Fistola R., *Smart City. Riflessioni sull'intelligenza urbana*, in « TeMA. Journal of Land Use, Mobility and Environment », 2013 (1).

Hunter D., *Cyberspace as Place and the Tragedy of the Digital Anticommons*, in California Law Review, 2003, vol. 91, pp. 439-520.

Lovelock J.E., *Gaia as seen through the atmosphere*, in « Atmospheric Environment, Elsevier », 1972 (6).

McGarrigle C., *Forget the flâneur*, in Cleland K., Fisher L. & Harley R. (eds.) Proceedings of the 19th International Symposium of Electronic Art, ISEA2013, Sydney.
http://ses.library.usyd.edu.au/handle/2123/9475.

Musso P., *Réseau*, in « Quaderni. N°63, printemps 2007. Nouveaux mots du pouvoir : fragments d'un abécédraire », pp. 82-84.

– *La raison du réseau*, in « Quaderni. N°52, automne 2003. Secret et pouvoir : les faux-semblants de la transparence », pp. 55-56.

– *La symbolique du réseau*, in « Quaderni. N°38, printemps 1999. Politique symbolique et communication », pp. 69-98.

Vitalis A., *La fausse transparence du réseau*, in « Réseaux », 1991, volume 9 n°48, pp. 51-58.

Sitographie

Anderson C., Wolff M., *The Web Is Dead. Long Live the Internet*, San Francisco, California, U.S., 2010 (consulté le 27/11/2018). < http://www.wired.com/2010/08/ff_webrip/ >

Baggini J., *The social animal*, London, UK, 2014 (consulté le 27/11/2018). < https://www.ft.com/content/39a015c6-6bc7-11e3-85b1-00144feabdc0 >

Barnes G., *Passage of the Cyber-Flâneur*, Otago, New Zealand, 1997 (consulté le 27/11/2018). < http://www.raynbird.com/essays/Passage_Flaneur.html >

Bartoloni F., *La Filosofia al tempo di Internet*, Roma, Italia, 2009 (consulté le 27/11/2018). < http://punto-informatico.it/2518865/PI/Interviste/filosofia-al-tempo-internet.aspx >

Berners-Lee T., *The Semantic* Web, U.S., 2001 (consulté le 27/11/2018). <http://wwwsop.inria.fr/acacia/cours/essi2006/Scientific%20American_%20Feature%20Article_%20The%20Semantic%20Web_%20May%202001.pdf >.

Brin S., Page L., *The Anatomy of a Large-Scale Hypertextual Web Search Engine*, Stanford, California, U.S., 1998 (consulté le 27/11/2018). < http://infolab.stanford.edu/~backrub/google.html >

Bush V., *As We May* Think, Washington, D.C., U.S., 1945 (consulté le 27/11/2018). < http://www.theatlantic.com/magazine/archive/1945/07/as-we-may-think/303881/ >

Cadell L., *Is the Internet Evolving Into a Global Brain?*, U.S., 2013 (consulté le 27/11/2018). < http://www.huffingtonpost.com/cadell-last/internet-global-brain_b_3951770.html >

Cohen P., *Internet Use Affects Memory, Study Finds*, New York City, NY, U.S., 2011 (consulté le 27/11/2018).

< http://www.nytimes.com/2011/07/15/health/15memory.html >
Carr N. G., *The Ignorance of Crowds*, New York City, NY, U.S., 2007 (consulté le 27/11/2018).
< http://www.strategy-business.com/article/07204?pg=all >
- *Does the Internet make you Dumber?*, New York City, NY, U.S., 2010 (consulté le 27/11/2018).
< http://online.wsj.com/articles/SB10001424052748704025304575284981644790098 >
Cecchinato G., *World Wide Knowledge. Disseminazione elettronica dei saperi*, Roma, Italia, 2005 (consulté le 27/11/2018).
< http://www.aib.it/aib/sezioni/emr/bibtime/num-viii-2/cecchina.htm >
De Biase L., *Pierre Lévy e Alain Finkielkraut: intelligence collective*, Italia, 2014 (consulté le 27/11/2018).
< http://blog.debiase.com/2014/02/pierre_levy_alain_finkielkraut/ >
- *Su macchine e umani*, Italia, 2011 (consulté le 27/11/2018).
- < http://blog.debiase.com/paper/su-macchine-e-umani/ >
Di Salvo P., *Internet sarà una rete di interazioni automatiche,* Milano, Italia, 2014 (consulté le 27/11/2018).
< http://www.wired.it/internet/web/2014/02/13/internet-rete-di-interazioni-automatiche/ >
Filoni M., *Il sapere del web non si avvicina al sogno di Diderot*, Milano, Italia, 2013 (consulté le 27/11/2018).
< https://mytech.panorama.it/internet/sapere-web-diderot >
Foggetti L., *Big data e social media stanno uccidendo le recensioni degli utenti*, Milano, Italia, 2014 (consulté le 27/11/2018).
< http://www.wired.it/internet/social-network/2014/03/26/big-data-social-media-recensioni-utenti/ >
- *CES 2014, l'internet delle cose bussa alla porta*, Milano, Italia, 2014 (consulté le 27/11/2018).
< http://www.wired.it/gadget/elettrodomestici/2014/01/09/ces-2014-internet-delle-cose/ >
Fontana G., *In viaggio con il padre dell'infosfera*, Milano, Italia, 2010 (consulté le 27/11/2018).
< http://www.ilsole24ore.com/art/tecnologie/2010-05-21/viaggio-padre-infosfera-075500.shtml >
Formenti C., *Quel fascino indiscreto dei robot*, Roma, Italia, 2013 (consulté le 27/11/2018).
< http://blog-micromega.blogautore.espresso.repubblica.it/?p=11614 >
Fornasari F., *Sapere digitale, un rumore di fondo*, Milano, Italia, 2013 (consulté le 27/11/2018).

< http://www.agendadigitale.eu/competenze-digitali/211_sapere-digitale-un-rumore-di-fondo.htm >

Goldate S., *The 'Cyberflâneur' – Spaces and Places on the Internet Part II*, U.S., 1998 (consulté le 27/08/2017).
< http://www.ceramicstoday.com/articles/051998.htm >

Guillaud H., *Les algorithmes sont-ils notre nouvelle culture ?*, Paris, France, 2014 (consulté le 27/11/2018).
< http://www.internetactu.net/2014/02/26/les-algorithmes-sont-ils-notre-nouvelle-culture/>

- *Surveiller les algorithmes*, Paris, France, 2013 (consulté le 27/11/2018).
< http://internetactu.blog.lemonde.fr/2013/11/02/surveiller-les-algorithmes/>

- *Limiter le pouvoir des algorithmes*, Paris, France, 2013 (consulté le 27/11/2018).
< http://internetactu.blog.lemonde.fr/2013/10/11/limiter-le-pouvoir-des-algorithmes/ >

Heylighen F., *Conceptions of a Global Brain: An Historical Review*, Brussels, Belgium, 2005 (consulté le 27/11/2018).
< http://pespmc1.vub.ac.be/Papers/GBconceptions.pdf >

Jamaa S., *La réalité augmentée au service de l'expérience client*, Montréal, Québec, Canada, 2009 (consulté le 27/11/2018).
< http://veilletourisme.ca/2009/10/21/la-realite-augmentee-au-service-de-l%E2%80%99experience-client/ >

Kakutani M., *The Cult of the Amateur*, New York City, NY, U.S., 2007 (consulté le 27/11/2018).
< http://www.nytimes.com/2007/06/29/books/29book.html?_r=0 >

Karahalios K., *Algorithm Awareness*, Cambridge, MA, U.S., 2014 (consulté le 27/11/2018).
< https://www.technologyreview.com/s/531676/algorithm-awareness/ >

- *A Path to Understanding the Effects of Algorithm Awareness*, Toronto, Ontario, Canada, 2014 in (consulté le 27/11/2018).
< http://social.cs.uiuc.edu/papers/pdfs/paper188.pdf >

Longo G., *La testa che non regge il passo della tecnologia*, Milano, Italia, 2010 (consulté le 27/11/2018).
< http://www.apogeonline.com/webzine/2010/10/15/la-testa-che-non-regge-il-passo-della-tecnologia >

Martinez M., *Swarm Theory and Web Communities*, U.S., 2009 (consulté le 27/11/2018).
< http://www.seo-theory.com/2009/03/26/swarm-theory-and-web-communities/ >

Miller P., *The Genius of Swarms*, Washington, D.C., U.S., 2007 (consulté le 27/08/2017).
< http://ngm.nationalgeographic.com/print/2007/07/swarms/miller-text >

Morozov E., *The Death of the Cyberflâneur*, New York City, NY, U.S., 2012, (consulté le 27/11/2018).
< http://www.nytimes.com/2012/02/05/opinion/sunday/the-death-of-the-cyberflaneur.html >

- *Losing our minds to the web*, London, UK, 2010, (consulté le 27/08/2017).
< http://www.prospectmagazine.co.uk/magazine/losing-our-minds-to-the-web/ >

Nelson T.H., *A File Structure for the Complex, the Changing, and the Indeterminate*, U.S., 1965 (consulté le 27/11/2018).
< http://csis.pace.edu/~marchese/CS835/Lec3/nelson.pdf >

Niri V., *I nuovi analfabeti: usano Facebook, ma non sanno interpretare la realtà*, Milano, Italia, 2014 (consulté le 27/11/2018).
< http://www.wired.it/play/cultura/2014/04/11/nuovi-analfabeti-usano-facebook-ma-non-sanno-interpretare-la-realta/ >

O'Reilly T., *What is the Web 2.0*, Sebastopol, CA, U.S., 2005 (consulté le 27/11/2018). < http://oreilly.com/web2/archive/what-is-web-20.html >

Pinker S., *Mind Over Mass Media*, New York City, NY, U.S., 2010, (consulté le 27/11/2018).
< http://www.nytimes.com/2010/06/11/opinion/11Pinker.html >

Serres M., *Le banche dati che ci obbligano a essere intelligenti*, Roma, Italia, 2014, (consulté le 27/11/2018).
< http://www.repubblica.it/la-repubblica-delle-idee/societa/2014/01/17/news/le_banche_dati_che_ci_obbligano_a_essere_intelligenti-76178582/?ref=HREC1-44 >

Shirky C., *Does the Internet Make You Smarter?*, New York City, NY, U.S., 2010 (consulté le 27/08/2017).
<http://online.wsj.com/news/articles/SB10001424052748704025304575284973472694334 >

Webley K., *Why the Internet Isn't Making Us Stupid*, New York City, NY, U.S., 2010 (consulté le 27/11/2018).
< http://content.time.com/time/business/article/0,8599,2023997,00.html >

Zanotti L., *Che cos'è la Internet of Everything? Tra scienza e filosofia, è il nostro futuro in un mondo connesso e sempre più intelligente*, Italia, 2014 (consulté le 27/11/2018).

< http://thebizloft.com/internet-of-everything-il-nostro-futuro-smart/#.U1uYJuZ_uIX >

Zimmer C., *From Ants to People, an Instinct to Swarm*, New York City, NY, U.S., 2007 (consulté le 27/11/2018). < http://www.nytimes.com/2007/11/13/science/13traff.html >

PHILOSOPHIE
AUX ÉDITIONS L'HARMATTAN

Dernières parutions

L'APRÈS-MIDI SERA COURTE
Plaidoyer pour le droit à l'euthanasie
Nadia Geerts
« Tout est bien » : telle était ma conviction profonde en accompagnant Maman dans sa demande d'euthanasie. Tout est bien quand la loi, comme en Belgique, reconnaît aux individus le droit de disposer de leur vie, jusqu' à y mettre fin. Car pourquoi notre vie devrait-elle être sacrée ? Il y a derrière la question de l'euthanasie un véritable enjeu de liberté individuelle, et donc de laïcité. C'est sous cet angle qu'il faut examiner le rôle du médecin : ni simple exécutant, ni volonté se substituant au malade, il s'agit de la main amie qui permet l'accomplissement de la volonté mûrement réfléchie et clairement exprimée de son patient, et ce dans des conditions de dignité.
(Coll. Débats Laïques, 170 p., 18 euros)
ISBN : 978-2-343-16181-5, EAN EBOOK : 9782140105609

RATIONALITÉ EN PHILOSOPHIE DES SCIENCES
Une démarche zététique en épistémologie, logique et mathématiques
Elie Volf, Michel Henry
Préface d'Evariste Sanchez-Palencia, de l'Académie des Sciences
Cet ouvrage vise à approfondir les fondements de la rationalité en philosophie des sciences pour montrer ce qu'une pensée rationnelle peut apporter à la démarche scientifique, pour mieux analyser un raisonnement ou les résultats d'une expérience. Il s'agit d'une étude des différentes méthodes de raisonnements. L'histoire des mathématiques fait l'objet d'un chapitre riche montrant l'évolution de la pensée logique. Par leur approche zététique et épistémologique, les auteurs ont souhaité que la pensée rationnelle ne s'efface pas sous l'attrait de certaines dérives contemporaines.
(Coll. Ouverture Philosophique, 242 p., 25,5 euros)
ISBN : 978-2-343-15576-0, EAN EBOOK : 9782140104763

LA SOCIÉTÉ ÉMANCIPATRICE
Charles Maurice
La culture humaine en ce début de XXIe siècle est marquée de profonds déséquilibres environnementaux et sociaux. La transformation radicale des sociétés sur des bases de justice sociale apparaît comme la condition pour que le genre humain poursuive son processus de libération et soit enfin fidèle à la démarche éthique qui le singularise. Pourtant, les révolutions ont toutes échoué. Les adversaires de l'exploitation de l'homme par l'homme sont affaiblis et désorientés. Ils ont du mal à s'opposer aux politiques libérales antisociales. Comment galvaniser les résistances ? Est-il possible de refonder l'idéal émancipateur ? Que devrait être une société émancipatrice ?
(Coll. Ouverture Philosophique, 186 p., 19,5 euros)
ISBN : 978-2-343-16150-1, EAN EBOOK : 9782140105159

L'ACTE DE PENSER
L'impossible définition
Thierry Aymès
Préface de Lili Frikh
« La pensée » n'est pas « le penser », et a fortiori, n'est pas « l'acte de penser » même. Il n'est que de se pencher sur la différence grammaticale qui existe entre un participe passé (bien que substantivé) et un verbe laissé à la vitalité, au souffle qu'il sous-entend. L'auteur s'est essayé à l'élucidation folle de ce problème philosophique aporétique en diable et qui contraint qui s'y colle à déborder du vase de réflexion classique.
(116 p., 13,5 euros)
ISBN : 978-2-343-16086-3, EAN EBOOK : 9782140104367

L'ANGE, LE MAL ET LA CONTINGENCE
Jad Hatem
Une philosophie de l'ange réfléchit sur l'individu le plus proche de la divinité. Proximité qui tient à trois facteurs : la génération, les multiples fonctions à remplir, les drames qu'il est susceptible de provoquer au ciel comme sur la terre. Cet essai est centré sur Suhrawardî, Qâshânî et la philosophie ismaélienne. Il donne également la parole à deux éminents mystiques, Hallâj et Ibn'Arabî sur le sujet de la tolérance religieuse.
(Coll. La main d'Athéna/ Philosophie, 118 p., 15 euros)
ISBN : 979-10-309-0180-1, EAN EBOOK : 9782140104954

HANNAH ARENDT ET LA CONDITION POLITIQUE
Le réel dans la pensée philosophique du XXe siècle
Beatrice Magni
Cet ouvrage analyse l'enjeu crucial de la revendication - par la philosophe allemande naturalisée américaine HANNAH ARENDT (1906-1975) - d'une « théorie politique » contre une « philosophie politique », avec toutes les conséquences qui s'ensuivent: la volonté de réintégrer le réel dans la pensée philosophique; l'exploration du fondement anthropologique de l'existence humaine; un humanisme centré autour du concept de politique.
(104 p., 13 euros)
ISBN : 978-2-336-31235-4, EAN EBOOK : 9782140104831

EN CHEMIN AVEC NIETZSCHE
Philippe Granarolo
Voici rassemblés les principaux articles de l'auteur explorant l'oeuvre de Friedrich Nietzsche, auquel il a consacré toute son existence : du plus ancien, Le rêve dans la pensée de Nietzsche (1978) au plus récent, Le Surhomme : mythe nazi ou image libertaire ? (2016). Ces articles constituent les étapes d'une lecture originale et cohérente. Regroupés en cinq chapitres, « L'Imaginaire », « Le Corps », « Le Temps », « Le Futur » et « Le Retour Eternel », ces articles constituent une introduction à l'étude de l'oeuvre nietzschéenne.
(Coll. La philosophie en commun, 254 p., 26 euros)
ISBN : 978-2-343-15570-8, EAN EBOOK : 9782140102189

L'USAGE DE LA SUBJECTIVITÉ

Foucault, une archéologie de la relation

Mingjie Tang

Les travaux de Foucault sur l'histoire de la subjectivité analysent la manière dont s'est formé et a fonctionné le concept d'homme : comment il a agrégé des éléments hétérogènes pour imposer son évidence dans notre modernité. La subjectivité s'établit dans le rapport à sa propre vérité comme « noeud » de la véridiction, de la gouvernementalité et de la spiritualité. C'est dans ce « jeu de la connaissance individuelle » que se mettent en place les dispositifs du sujet et leurs conditions, c'est dans l'archéologie de la relation avec la vérité, le pouvoir et le soi que l'on retrouve, peut-être, l'usage de notre subjectivité.

(Coll. Quelle drôle d'époque !, 282 p., 29 euros)

ISBN : 978-2-343-15461-9, EAN EBOOK : 9782140104138

UNE PHILOSOPHIE DE L'ÉCOUTE MUSICALE

Bruno Deschênes

Dans cet ouvrage, Bruno Deschênes met en parallèle la pensée musicale européenne et la pensée esthétique japonaise, une rencontre philosophique par laquelle il propose par transpropriation comment cette pensée venant d'Asie permettrait aux mélomanes d'approfondir leur appréciation de toute musique quelle qu'elle soit.

(Coll. Ouverture Philosophique, 222 p., 23,5 euros)

ISBN : 978-2-343-15835-8, EAN EBOOK : 9782140101991

QUELLE ÉTHIQUE POUR LE TRANSHUMANISME ?

Des "hommes augmentés" et des "posthumains", demain, en Afrique ?

Ebénézer Njoh Mouelle

L'auteur déploie une analyse destinée à clarifier sa position sur divers aspects du transhumanisme. Il analyse des notions éthiques et met en relief des enjeux insoupçonnés, sur la difficile question de la régulation de l'exploitation des résultats des recherches convergentes des Nanotechnologies, biotechnologies, informatique et sciences cognitives. S'il met l'accent de manière appuyée sur la régulation destinée à protéger et à sauver l'espèce humaine de tout enfouissement dans des cyborgs, le philosophe camerounais se soucie tout autant du sort incertain qui pourrait être réservé aux catégories économiquement faibles face aux augmentations des capacités de toutes sortes sur d'autres continents.

(Coll. Harmattan Cameroun, 102 p., 12,5 euros)

ISBN : 978-2-343-15916-4, EAN EBOOK : 9782140103391

LE RENOUVEAU DE L'IDÉALISME

Giovanni Dotoli, Louis Ucciani
(sous la direction de)

Cet ouvrage rassemble des textes qui s'interrogent sur ce que représente l'idéalisme aujourd'hui, en prenant appui sur la pensée d'Emmanuel Levinas et sa réflexion autour du problème de l'être et de l'identité.

(Coll. L'Orizzonte, 200 p., 20 euros)

ISBN : 978-2-343-15734-4, EAN EBOOK : 9782140103018

LE PROBLÈME DE LA COMMUNAUTÉ
Marx, Tönnies, Weber
Daniel Alvaro
Traduit de l'espagnol (Argentine) par Pascale Henry. Préface de Jean-Luc Nancy
Gemeinschaft ou la « communauté », est le fil conducteur de cet ouvrage, le nom d'un problème commun à toute une époque en Occident dont nous commençons à peine à entrevoir les limites, une époque où cette évidence de la vie en commun disparaît. Pourtant ce problème de la communauté demeure le nôtre. Pour analyser cette question, l'ouvrage recourt aux pensées de Marx, Tönnies et Weber.
(Coll. La philosophie en commun, 260 p., 27 euros)
ISBN : 978-2-343-13582-3, EAN EBOOK : 9782140103254

BOUDDHISME TIBÉTAIN ET PHILOSOPHIE DE L'EXISTENCE
Michel Dion
Dans le bouddhisme tibétain, tout moi est sans substance qui lui soit intrinsèque. Toute substance qu'il paraît avoir lui vient de liens d'interdépendance avec d'autres réalités qui lui sont extérieures : les autres, la société et la culture ambiantes, la Nature. Tout moi ne dure pas pour toujours, parce que les êtres vivants sont mortels, mais surtout parce qu'ils sont constamment en changement. Le projet, propre à la philosophie de l'existence, de devenir qui nous sommes, de Kierkegaard jusqu'à Sartre, est-il alors incompatible avec la philosophie du bouddhisme tibétain ?
(784 p., 52 euros)
ISBN : 978-2-343-15741-2, EAN EBOOK : 9782140102813

L'EUGÉNISME SOCIAL
Configurations du pouvoir aux temps de la mort en vie
Daniel Fränkel
Traduit de l'espagnol par Valentine Le Borgne de Boisriou
Cette recherche poursuit les travaux de Foucault, en considérant le dispositif asilaire comme le paradigme privilégié pour analyser des mécanismes par lesquels la société a traité la folie, mais également comme forme de compréhension du fonctionnement de la logique gouvernementale au sein des sociétés occidentales contemporaines. Ici, le concept d'eugénisme social définit une catégorie heuristique pour expliquer la logique interne qui régit le destin biopolitique des sociétés nées de l'expérience moderne.
(Coll. La philosophie en commun, 180 p., 20 euros)
ISBN : 978-2-343-15755-9, EAN EBOOK : 9782140102776

A LA RECHERCHE D'UNE HUMANITÉ DURABLE
Michel Juffé
Si les maux qui frappent la biosphère s'aggravent, ce n'est pas que l'effet de l'empire de la marchandise et de l'avidité du capitalisme. La volonté de toute-puissance est plus ancienne : elle commence avec les civilisations au IIIe millénaire avant notre ère et leurs dieux inventés pour justifier leurs ambitions. Si nous voulons un humanisme écologique, nous devons combattre les idéologies de « l'exception humaine » et la rage de posséder et de spolier. Si nous voulons protéger notre bien commun, nous devons réformer en profondeur nos croyances, institutions et modes de vie, en commençant par trouver notre véritable place dans la Nature.
(194 p., 20 euros)
ISBN : 978-2-343-15719-1, EAN EBOOK : 9782140102134

Structures éditoriales du groupe L'Harmattan

L'Harmattan Italie
Via degli Artisti, 15
10124 Torino
harmattan.italia@gmail.com

L'Harmattan Hongrie
Kossuth l. u. 14-16.
1053 Budapest
harmattan@harmattan.hu

L'Harmattan Sénégal
10 VDN en face Mermoz
BP 45034 Dakar-Fann
senharmattan@gmail.com

L'Harmattan Cameroun
TSINGA/FECAFOOT
BP 11486 Yaoundé
inkoukam@gmail.com

L'Harmattan Burkina Faso
Achille Somé – tengnule@hotmail.fr

L'Harmattan Guinée
Almamya, rue KA 028 OKB Agency
BP 3470 Conakry
harmattanguinee@yahoo.fr

L'Harmattan RDC
185, avenue Nyangwe
Commune de Lingwala – Kinshasa
matangilamusadila@yahoo.fr

L'Harmattan Congo
67, boulevard Denis-Sassou-N'Guesso
BP 2874 Brazzaville
harmattan.congo@yahoo.fr

L'Harmattan Mali
Sirakoro-Meguetana V31
Bamako
syllaka@yahoo.fr

L'Harmattan Togo
Djidjole – Lomé
Maison Amela
face EPP BATOME
ddamela@aol.com

L'Harmattan Côte d'Ivoire
Résidence Karl – Cité des Arts
Abidjan-Cocody
03 BP 1588 Abidjan
espace_harmattan.ci@hotmail.fr

L'Harmattan Algérie
22, rue Moulay-Mohamed
31000 Oran
info2@harmattan-algerie.com

L'Harmattan Maroc
5, rue Ferrane-Kouicha, Talaâ-Elkbira
Chrableyine, Fès-Médine
30000 Fès
harmattan.maroc@gmail.com

Nos librairies en France

Librairie internationale
16, rue des Écoles – 75005 Paris
librairie.internationale@harmattan.fr
01 40 46 79 11
www.librairieharmattan.com

Librairie l'Espace Harmattan
21 bis, rue des Écoles – 75005 Paris
librairie.espace@harmattan.fr
01 43 29 49 42

Lib. sciences humaines & histoire
21, rue des Écoles – 75005 Paris
librairie.sh@harmattan.fr
01 46 34 13 71
www.librairieharmattansh.com

Lib. Méditerranée & Moyen-Orient
7, rue des Carmes – 75005 Paris
librairie.mediterranee@harmattan.fr
01 43 29 71 15

Librairie Le Lucernaire
53, rue Notre-Dame-des-Champs – 75006 Paris
librairie@lucernaire.fr
01 42 22 67 13

www.ingramcontent.com/pod-product-compliance
Lightning Source LLC
LaVergne TN
LVHW021223061026
849535LV00008B/2883

* 9 7 8 2 3 4 3 1 5 7 9 1 7 *